高等职业教育智能光电技术应用专业群产教融合新形态教材

高等职业教育智能光电技术应用专业群现场工程师新型活页式教材

深度学习项目案例开发

主　编　张　明

副主编　万　敬

西南交通大学出版社

·成　都·

图书在版编目（CIP）数据

深度学习项目案例开发 / 张明主编. -- 成都 : 西南交通大学出版社，2024. 8. -- ISBN 978-7-5774-0001-3

Ⅰ. TP181

中国国家版本馆 CIP 数据核字第 20241MV980 号

Shendu Xuexi Xiangmu Anli Kaifa
深度学习项目案例开发

	策划编辑／李芳芳　李华宇　余崇波
主　编／张　明	责任编辑／李华宇
	封面设计／吴　兵

西南交通大学出版社出版发行

（四川省成都市金牛区二环路北一段 111 号西南交通大学创新大厦 21 楼　610031）

营销部电话：028-87600564　　028-87600533

网址：https://www.xnjdcbs.com

印刷：四川玖艺呈现印刷有限公司

成品尺寸　185 mm×260 mm

印张　10.25　　字数　255 千

版次　2024 年 8 月第 1 版　　印次　2024 年 8 月第 1 次

书号　ISBN 978-7-5774-0001-3

定价　32.00 元

课件咨询电话：028-81435775

党的二十大报告指出，统筹职业教育、高等教育、继续教育协同创新，推进职普融通、产教融合、科教融汇，优化职业教育类型定位。

近年来，教育部先后印发《国家职业教育改革实施方案》《职业院校教材管理办法》《"十四五"职业教育规划教材建设实施方案》，明确提出建设一大批校企"双元"合作开发的国家规划教材，倡导使用新型活页式、工作手册式教材并配套开发信息化资源。每三年修订一次教材，其中专业教材随信息技术发展和产业升级情况及时动态更新，本书正是按照此要求进行编写的。

本书为高等职业教育产教融合新形态教材、现场工程师新型活页式教材，系成都职业技术学院中国特色高水平专业群产教融合项目建设成果之一。本书基于人工神经网络和深度学习技术应用来设计各个项目，注重职业岗位的基本知识和基本实操技能。全书共设计 8 个任务，任务一主要介绍如何使用人工神经网络完成服饰图像分类，任务二介绍如何使用卷积神经网络完成猫狗识别，任务三讲解使用数据增强抑制卷积神经网络的过拟合，任务四涉及使用深度卷积神经网络完成图片分类，任务五探讨使用迁移学习完成垃圾分类，任务六介绍使用 LSTM 网络自动生成图片摘要文本，任务七讲解使用对抗神经网络生成图片，任务八介绍使用 Transformer 建立医学语言模型。

本书具有以下特点：

1. 突出产教融合特征

学校和企业共同开发，企业人员深度参与，突出体现"以学生为中心""做中学，做中教"等职业教育理念和产教融合类型特征。

2. 基于企业真实场景

以神经网络和深度学习应用项目为主线，连贯多个知识点。每个任务均将相关知识和职业岗位基本技能融合，将知识和技能学习结合任务完成过程来进行。这些任务的完成就是一个完整地将人工智能技术应用到实际工作的过程，既拉近教学与职业岗位需求的距离，又兼顾了知识的系统性和完整性。

3. 充分反映最新生产技术、工艺和规范

深度对接行业、企业标准，按照人工智能和深度学习技术流程，以每个岗位所需的知识点为支撑，知识点逐渐深化，紧扣人工智能技术应用专业人才培养目标，内容选取重点突出行业性、实用性、科学性和实践性，充分反映最新生产技术、工艺、规范和未来技术发展。

4. 配套有丰富的数字资源，方便线上线下混合式教学

配套有丰富的数字资源，包含微课视频、课件、习题等，方便学习者提前学、现场学、巩固学，实现线上线下混合式教学，充分体现了"互联网＋职业教育"的新要求。

5. 采用新型活页教材形式

采用活页装订形式，每个模块相对独立，可以根据技术革新或实际需求取出或加入新内容：新技术内容、活页作业、学习笔记、功能插页等。

6. "润物细无声"地融入课程思政元素

坚持落实立德树人根本任务，注重学思结合、知行统一，增强学生勇于探索的创新精神、善于解决问题的实践能力。

本书由成都职业技术学院张明担任主编，万敬担任副主编。

由于作者团队水平有限，书中难免存在不足之处，敬请各位读者批评指正，以便我们能及时修改和完善。

编　者

2024 年 7 月

扫一扫获取数字资源

目　录

ABC

任务 一 使用人工神经网络完成服饰图像分类

【任务导入】

人工神经元是模拟人类神经元的计算单元，用于构建人工神经网络，是人工智能领域中的基本组件之一。Fashion-MNIST 是一个经典的机器学习数据集，用于图像分类任务，包含 10 个不同类别的服饰。本任务通过搭建一个人工神经网络，使用 Fashion-MNIST 数据集进行训练，完成服饰分类。

知识目标

（1）了解人工神经元和人工神经网络的基本概念。
（2）了解多层感知机模型。
（3）了解全连接神经网络。
（4）理解激活函数的原理。
（5）理解损失函数的作用和优化方法。

能力目标

（1）能构建多层感知机模型。
（2）能构建全连接神经网络。
（3）能完成模型的训练。
（4）能使用函数对图形通道进行拆分和合并。
（5）能编写代码调用摄像头。
（6）能使用 Matplotlib 库操作图片。

拓展能力

（1）比较不同的激活函数和损失函数、优化器对分类结果的影响。
（2）能进行模型调优和超参数搜索。

什么是人工神经网络?

人工神经网络(Artificial Neural Network,ANN)是一种计算模型,灵感来源于生物神经系统。它由大量的人工神经元(也称为节点或单元)组成,这些神经元通过连接相互通信。人工神经网络被设计用来模拟人脑的学习过程,并用于处理和学习复杂的数据。

在人工神经网络中,神经元通常被组织成多层结构,包括输入层、隐藏层和输出层。每个神经元接收来自前一层神经元的输入,并将加权和传递给下一层。这些加权和传递过程通过连接完成,每个连接都有一个相关联的权重,用于加权输入信号。每个神经元还包含一个激活函数,用于将加权和转换成输出信号。常见的激活函数包括 sigmoid 函数、ReLU 函数等。

神经网络的训练过程通常涉及使用反向传播算法来调整连接权重,以最小化预测输出与实际输出之间的误差。通过不断反复迭代这个过程,神经网络可以逐渐提高其性能,并学习从数据中提取更复杂的特征和模式。

人工神经网络在各种领域中都有广泛的应用,包括图像识别、语音识别、自然语言处理、预测和决策等。它们是机器学习和人工智能领域中的核心技术之一,为解决各种复杂问题提供了一种强大的工具。

【任务知识】

一、多层感知器

1. 感知器

感知器是一种最简单的人工神经网络模型,它由一个单层的神经元组成,用于二元分类任务。感知器接收多个输入,每个输入都与一个权重相关联,然后对输入进行加权求和,并将结果传递给一个激活函数。激活函数通常是阶跃函数,根据加权和求和的结果是否超过某个阈值来输出一个二元值(0 或 1),表示两个类别中的其中一个。可以定义一个函数表示感知器:

$$x = \begin{cases} 1 & wx+b > 0 \\ 0 & \text{其他} \end{cases}$$

式中, w 是权重向量; wx 是点积 $\sum_j^m w_j x_j$; b 是偏置项。

$wx+b$ 实际上定义了一个边界超平面,这个超平面随着 w 和 b 的改变而改变。感知器可以学习将输入空间分割成两个不同的区域,从而实现二元分类任务,如图 1-1 所示。

虽然感知器只能解决线性可分问题,表示它只能回答"是"(1)或者"否"(0),不能回答更为复杂的问题,但它为后来更复杂的神经网络模型的发展奠定了基础,如多层感知器(MLP)和深度神经网络(DNN)。感知器的提出标志着神经网络的早期发展,并在人工智能领域产生了深远的影响。

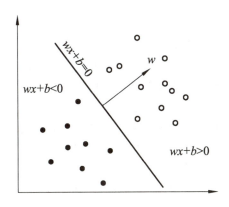

图 1-1 感知器超平面

2. 多层感知机

多层感知机（MLP）是一种基于前馈神经网络的机器学习模型。它由多个神经网络层组成，每个层都由多个神经元组成，这些神经元通常分为输入层、隐藏层和输出层，如图 1-2 所示。

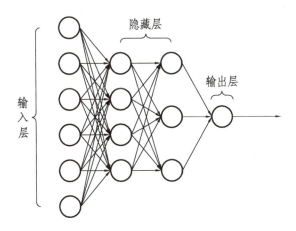

图 1-2 多层感知机

输入层接收原始输入数据，并将其传递给下一层。隐藏层为中间层，用于从输入数据中提取特征和模式。隐藏层的神经元通过连接与前一层的神经元通信，并使用激活函数将加权和传递给下一层。输出层产生模型的最终输出。

多层感知机训练时，第一个隐藏层接收输入，根据函数计算值得到 0 或者 1，并将其传递到第二隐藏层，根据第二层的函数计算得到结果，最终将结果传输到输出层。

感知器学习规则的优点是简单且易于实现。然而，在感知机训练时，对 w 和 b 值做出微调，往往只会致使期望产生细微的变化。此外，单层感知器的输出为非 0 即 1 的值，无法体现模型训练的渐进过程，并且它只能解决线性可分问题，对于非线性可分问题，可能会出现收敛不到最优解的情况。因此，需要引入非线性激活函数，克服感知器的这些局限性，使之成为处理更复杂任务的有效工具。

二、激活函数

1. 激活函数简介

（1）激活函数对输入信号经过加权和并加上偏置后的结果进行非线性变换，以确定神经元是否应该被激活。激活函数可以引入非线性特性，使得神经网络能够学习和表示复杂的非线性关系。如果没有激活函数，多层神经网络将等同于单层线性模型，无法拟合非线性函数。

（2）激活函数通过引入非线性变换，使神经网络能够学习和表示输入与输出之间的复杂映射关系。通过适当选择激活函数，神经网络可以灵活地适应不同的数据模式和任务需求。

（3）激活函数可通过非线性变换限制输出范围，例如 sigmoid 函数将输出约束在[0,1]区间，tanh 函数将输出约束在[-1,1]区间，而 softmax 函数则将多分类输出归一化为概率分布。这种输出范围的限制有助于神经网络的输出结果进行归一化处理，并为后续的概率解释或分类任务提供便利。

（4）可以缓解梯度消失问题。梯度消失问题是指在深层神经网络中，由于梯度在反向传播过程中逐渐减小，导致底层神经元的权重无法更新，从而影响网络的训练效果。一些激活函数（如 ReLU 函数及其变体）可以缓解梯度消失问题，促进梯度的有效传播和权重的更新。

（5）激活函数可以增强神经网络的表达能力。适当选择激活函数可以增强神经网络的表达能力，使其能够更好地适应复杂的数据模式和任务要求。不同的激活函数具有不同的性质，所以选择适合特定问题的激活函数可以提高网络的性能和泛化能力。因此，在设计和训练神经网络时，选择合适的激活函数至关重要。

2. 常用激活函数

大多数激活函数都是非线性的。由于激活函数是深度学习的基础，下面简要介绍一些常见的激活函数。

（1）**sigmoid 函数**：将输入值映射到一个在 0 到 1 之间的连续区间，输出值介于 0 和 1 之间，如图 1-3 所示。

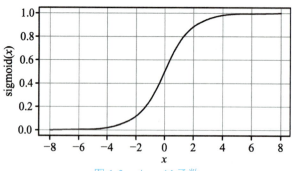

图 1-3 sigmoid 函数

它的输出值可以被视为概率值，因此常用于二元分类问题。

sigmoid 仍然被广泛用作输出单元上的激活函数（sigmoid 可以视为 softmax 的特例），但是 sigmoid 在隐藏层中已经较少使用，它在大部分时候被更简单、更容易训练的 ReLU 所取代。

（2）**ReLU**（Rectified Linear Unit）**函数**：是最受欢迎的激活函数，因为它实现简单，在各种预测任务中表现良好。ReLU 提供了一种非常简单的非线性变换。

$$\text{ReLU}(x) = \max(0, x)$$

ReLU 函数在输入大于 0 时返回输入值本身，否则返回 0，如图 1-4 所示。它的优点是计算简单且在实践中通常表现良好。它可以缓解梯度消失问题，并加速网络的收敛速度。

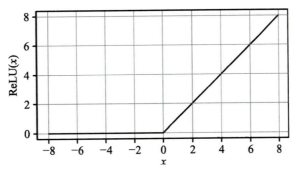

图 1-4　ReLU 函数

（3）**tanh 函数（双曲正切函数）**：与 sigmoid 函数类似，tanh（双曲正切）函数也能将其输入压缩转换到区间 $(-1,1)$ 上，如图 1-5 所示。tanh 函数的公式如下：

$$\tanh\left(x\right)=\frac{\mathrm{e}^{x}-\mathrm{e}^{-x}}{\mathrm{e}^{x}+\mathrm{e}^{-x}}$$

它与 sigmoid 函数类似，但是输出范围更广且均值为 0，训练速度相对快。

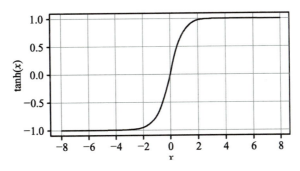

图 1-5　tanh 函数

（4）**softmax 函数**：通常用于多类别分类问题，它将神经网络的原始输出转换为一个概率分布，使得输出的各个类别之间的概率总和为 1，如图 1-6 所示。

$$\mathrm{softmax}\left(x_i\right)=\frac{\mathrm{e}^{x_i}}{\sum_{j=1}^{N}\mathrm{e}^{x_j}}$$

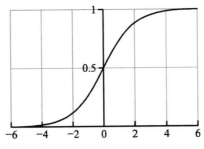

图 1-6　softmax 函数

softmax 函数将多个输出转换为表示概率分布的形式，便于解释和比较。

三、神经网络

1. 人工神经元

人工神经元是一种模拟生物神经元功能的计算单元，通常用于构建人工神经网络，是神经网络的基本组成部分，类似于生物大脑中的神经元。人工神经元接收输入信号，通过内部处理产生输出信号，并将输出传递给其他神经元。在人工神经网络中，这些神经元通过连接进行通信，形成了网络结构。

人工神经元通常包括输入权重、偏置和激活函数。输入权重用于调节输入信号的重要性，激活函数用于对加权输入进行非线性转换，而偏置则可以用来调整激活函数的触发阈值，从而影响神经元的活跃性。

神经网络的输入通常是多个输入，假设输入为 x_1、x_2、x_3，这时神经元是一个多输入的人工神经元，如图 1-7 所示。

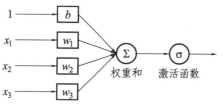

图 1-7　多输入人工神经元

可以把输入看成一个 3 维的向量，如果有 n 个输入，可以将输入看成 n 维向量，可以使用函数来表示：

$$f(x) = wx + b$$

式中，x 是一个 $1 \times n$ 的向量；w 是一个 $n \times 1$ 的权重矩阵；b 是偏置项。

2. 多输入人工神经元判断一个人是否超重实例

假设有一个多输入人工神经元用来判断一个人是否超重，它接收多个特征作为输入，如身高（以米为单位）、体重（以千克为单位）、年龄（以岁为单位）等，将使用这些特征来计算一个指标。如果这个指标超过某个阈值，就可以判断这个人是否超重。

已经训练好了一个神经元，其权重和偏置已经确定。计算公式如下：

$$y = \text{ReLU}(w_1 \times 身高 + w_2 \times 体重 + w_3 \times 年龄 + b)$$

式中，w_1、w_2、w_3 是对应于身高、体重和年龄的权重；b 是偏置项。

有一个人的身高为 1.75 m，体重为 80 kg，年龄为 30 岁，使用训练好的权重和偏置来计算输出值 y，如果 y 超过某个阈值，可以认为这个人超重。

多输入神经元的权重 $w_1 = 0.1$、$w_2 = 0.2$、$w_3 = 0.05$，输入分别为 $x_1 = 1.75$、$x_2 = 80$、$x_3 = 30$，对应这时 x 是一个 1×3 的向量，w 是一个 3×1 的权重矩阵。

$$\bm{x} = (1.75, 80, 30) \qquad \bm{w} = \begin{pmatrix} 0.1 \\ 0.2 \\ 0.05 \end{pmatrix}$$

$$y = \bm{xw} + b$$

代入公式计算可得：

$$y = \mathrm{ReLU}(0.1 \times 1.75 + 0.2 \times 80 + 0.05 \times 30 - 1.5)$$

$$= \mathrm{ReLU}(16.175)$$

由于 $16.175 > 0$，所以 ReLU 激活函数的输出为输入值本身，因此 $y = 16.175$。如果设定阈值为 15，那么 $y > 15$，则表示这个人超重。

这就是多输入神经元的计算过程。在实际应用中，这些计算将在整个神经网络的前向传播过程中进行，以生成最终的输出。

人工神经元的设计旨在模拟生物神经元的基本功能，但在实现方式上可能会有所不同，以适应特定的应用场景和算法需求。在深度学习和机器学习领域，人工神经元是构建复杂神经网络模型的基础。

四、全连接神经网络

在全连接神经网络中，每一层的每个神经元都与上一层的所有神经元相连接。这意味着每个神经元都接收来自上一层所有神经元的输入，并且输出到下一层的所有神经元。

全连接神经网络通常由输入层、若干个隐藏层和输出层组成，如图 1-8 所示。输入层接收输入数据，每个输入特征对应一个输入神经元。隐藏层位于输入层和输出层之间，其中的每个神经元都连接到上一层的所有神经元。输出层产生网络的最终输出，通常对应于任务的预测或分类结果。全连接神经网络中的每个连接都有一个权重，用来调整输入信号的重要性。此外，每个神经元通常还有一个偏置项，用来调整激活函数的触发阈值。

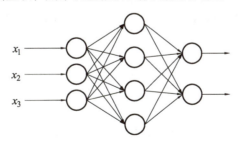

图 1-8　全连接神经网络

需要注意的是，全连接神经网络中对 $n-1$ 层和 n 层而言，$n-1$ 层的任意一个节点，都和第 n 层所有节点有连接，即第 n 层的每个节点在进行计算时，其激活函数的输入为第 $n-1$ 层所有节点输出与相应权重的加权和。

全连接神经网络通过反向传播算法进行训练，即通过计算预测值与真实值之间的误差，并根据误差调整网络参数（如权重和偏置），以减小误差。尽管全连接神经网络在某些任务上表现良好，但随着数据和任务的复杂性增加，训练速度会很慢，同时会受到维度灾难和过拟合等问题的影响。因此，在实践中，通常会使用更复杂的神经网络结构，如卷积神经网络（CNN）和循环神经网络（RNN），来处理更复杂的数据和任务。

五、前向传播

1. 向前传播简介

在神经网络中，全连接层的每个神经元通常与其前后层的每个神经元相连。那么，神经网络是如何从输入的数据经过一层一层的神经元，最终到达输出的呢？这个过程如下：

输入层：输入层的节点不执行任何计算，它们的主要功能是接收输入数据并将其传递到下一层（通常是隐藏层）。输入层的每个节点对应输入数据的一个特征，例如图像的一个像素值或文本的一个词向量。

隐藏层计算：隐藏层的每个神经元接收来自输入层的值，并进行逐节点的加权求和计算。然后，通过激活函数（如 ReLU 或 sigmoid）进行非线性变换，得到该神经元的输出。

多层传递：隐藏层计算出的值继续通过加权求和和激活函数传递到下一层。如果有多个隐藏层，则每一层都重复上述过程，直到达到输出层。

输出层激活函数：输出层的激活函数根据任务类型选择：如果是二分类问题，使用 sigmoid 函数，其输出值表示属于某一类的概率；如果是多分类问题，使用 softmax 函数，其输出是一个概率分布，表示输入数据属于各个类别的概率。

数据从输入层开始，通过神经网络的各层逐层计算并传递，最终得到模型的输出结果。这一过程称为前向传播。输入数据经过每一层的权重和偏置进行线性变换，并通过激活函数引入非线性变换，然后传递到下一层，直到达到输出层。前向传播的目的是将输入数据映射到输出层，从而计算模型的预测值，为后续的损失计算和反向传播提供基础。

2. 向前传播实例

假设有一个简单的神经网络，包含一个输入层、一个隐藏层和一个输出层，每个层都有两个神经元。使用 sigmoid 激活函数，并且假设每个神经元的初始权重都是随机生成的，结构如图 1-9 所示。

$$x_1 = 1.75 \text{、} \quad x_2 = 80 \text{、} \quad x_3 = 30w_2$$

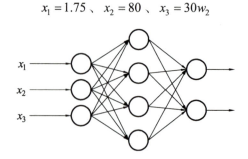

图 1-9　神经网络的前向传播

输入向量 $[x_1, x_2] = [0.5, 0.7]$，输入层到隐藏层的权重 $[w_{11}, w_{12}, w_{21}, w_{22}] = [0.1, 0.2, 0.3, 0.4]$，隐藏层到输出层的权重 $[w_{31}, w_{32}] = [0.5, 0.6]$。

接下来，计算向前传播的过程。

计算隐藏层的输出：

$$h_1 = \text{sigmoid}(w_{11} \times x_1 + w_{21} \times x_2)$$
$$= \text{sigmoid}(0.1 \times 0.5 + 0.3 \times 0.7)$$
$$= \text{sigmoid}(0.5 + 0.21)$$
$$= \text{sigmoid}(0.71)$$
$$\approx 0.67$$
$$h_2 = \text{sigmoid}(w_{12} \times x_1 + w_{22} \times x_2)$$
$$= \text{sigmoid}(0.2 \times 0.5 + 0.4 \times 0.7)$$
$$= \text{sigmoid}(0.1 + 0.28)$$
$$= \text{sigmoid}(0.38)$$
$$\approx 0.59$$

计算输出层的输出：

$$\sigma = \text{sigmoid}(w_{31} \times x_1 + w_{32} \times x_2)$$
$$= \text{sigmoid}(0.5 \times 0.67 + 0.6 \times 0.59)$$
$$= \text{sigmoid}(0.335 + 0.354)$$
$$= \text{sigmoid}(0.689)$$
$$\approx 0.67$$

最终通过向前传播，得到了输出层的输出 $\sigma \approx 0.67$。当神经网络的层数或者神经元的个数比较多时，前向传播的计算过程就非常耗时，这时需要使用矩阵来进行计算。图 1-9 的计算过程可以写成矩阵方式：

输入数据 x 和权重参数 w：

$$x = \begin{bmatrix} x_1 \\ x_2 \end{bmatrix} = \begin{bmatrix} 0.5 \\ 0.7 \end{bmatrix}$$

$$w^1 = \begin{bmatrix} w_{11} & w_{21} \\ w_{12} & w_{22} \end{bmatrix} = \begin{bmatrix} 0.1 & 0.3 \\ 0.2 & 0.4 \end{bmatrix}$$

$$w^2 = \begin{bmatrix} w_{31} \\ w_{32} \end{bmatrix} = \begin{bmatrix} 0.5 \\ 0.6 \end{bmatrix}$$

可以使用矩阵乘法和 sigmoid 函数来计算隐藏层和输出层的输出。

计算隐藏层输出：

$$H = \text{sigmoid}(w^1 \times x) = \text{sigmoid}\left(\begin{bmatrix} 0.1 & 0.3 \\ 0.2 & 0.4 \end{bmatrix} \times \begin{bmatrix} 0.5 \\ 0.7 \end{bmatrix} \right)$$

计算输出层输出：

$$\sigma = \text{sigmoid}(w^2 \times H) = \text{sigmoid}\left(\begin{bmatrix} 0.5 & 0.6 \end{bmatrix} \times H \right)$$

可以看出矩阵的方式更为简洁，同时也开始使用很多第三方的库来完成复杂的运算。

六、损失函数

损失函数是在机器学习和深度学习中用来衡量模型预测输出与真实标签之间差异的函数。

它是优化过程的核心，用于指导模型参数的更新，以便使预测结果尽可能接近真实标签。

例如图 1-10 中，点表示实际的样本值，直线表示对应的模型，样本点到直线的距离表示误差，这时可以把所有样本点到直线的距离相加得到的值就是模型的损失。常用的损失函数有平方损失函数（Mean Squared Error, MSE）、交叉熵损失函数（Cross-Entropy Loss）、对数损失函数（Log Loss）等。常用的 MSE 损失函数表示如下：

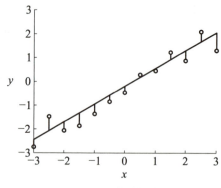

图 1-10　模型损失

$$\text{MSE} = \frac{1}{2n}\sum_{i=1}^{n}\left(\boldsymbol{y} - \boldsymbol{y}_{\text{pred}}\right)^2$$

因为 $\boldsymbol{y} - \boldsymbol{y}_{\text{pred}}$ 计算时会得到负值，增加一个平方项，加上 $\frac{1}{2n}$（$\frac{1}{n}$ 表示求平均值，$\frac{1}{2}$ 是因为在求梯度是对 MSE 求导数刚好可以把 $\frac{1}{2}$ 消掉）。

七、梯度下降

上一步定义了损失函数，在模型训练中需要不停地调整权重 w 和偏置 b 的值，理想状态当 MSE = 0 时，模型会预测到所有值。现实情况是在模型训练时需要调整权重 w 和偏置 b 的值，使 MSE 不断地变小逼近 0，实现这个过程需要使用梯度下降算法。

假设使用 MSE 函数作为损失函数，将神经元的计算公式 $\boldsymbol{y}_{\text{pred}} = \boldsymbol{w}\boldsymbol{x} + b$ 代入 MSE 公式，这时 $\boldsymbol{x}$ 和 $\boldsymbol{y}$ 是已知量，权重 w 和偏置 b 是未知量，$\boldsymbol{y}$ 是实际的标签值，这时可以把 MSE 看成 $l\left(w,b\right)$ 形式并且是一个二次函数：

$$l\left(w,b\right) = \frac{1}{2n}\sum_{i=1}^{n}\left[\boldsymbol{y} - \left(\boldsymbol{w}\boldsymbol{x} + b\right)\right]^2$$

这时的问题就变成了如何找出 $l\left(w,b\right)$ 函数的最小值，可以以 $y = x^2$ 函数为例，它的图形如图 1-11 所示。

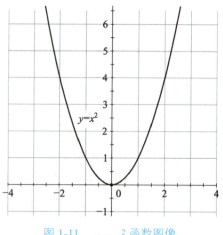

图 1-11　$y = x^2$ 函数图像

$l(w,b)$ 函数的图形如图 1-12 所示。$l(w,b)$ 值可以看成是 Z 轴的值。

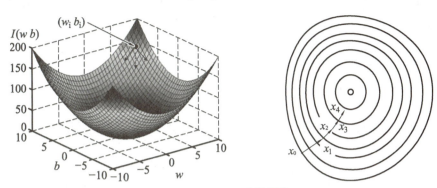

图 1-12　$l(w,b)$ 函数图像

梯度下降的过程就是在程序中求解下一步要走的方向，如图 1-12 中当前位置是 (w_i, b_i)，现在需要求出下一步 (w_{i+1}, b_{i+1}) 的位置。可以把梯度下降看成下山，如果想快速到达山脚，就需要找到坡度最大的地方，从函数的角度来理解，就是要找到函数值变化最大的地方，这个值就是变换率。在高等数学中使用导数可以快速地找到函数在某点的变化率。在机器学习中梯度是损失函数导数的矢量，它可以指出哪个方向距离目标更近或者更远。

$y = x^2$ 函数求最小值可以使用导数，求 $l(w,b)$ 最小值也需要求解导数，但是这里有两个自变量 w 和 b，所以需要使用偏导数，求出 $l(w,b)$ 的梯度，根据梯度和学习率（步长）来确定下个 (w,b) 的值。具体公式如下：

$$\frac{\delta l}{\delta b} = \frac{1}{n} \sum_{i=1}^{n} \left(\boldsymbol{y} - (\boldsymbol{wx} + b) \right)$$

$$= \frac{1}{n} \sum_{i=1}^{n} (\text{loss}())$$

$$\frac{\delta l}{\delta w} = \frac{1}{n} \sum_{i=1}^{n} \left(\boldsymbol{y} - (\boldsymbol{w}x_i' + b) \right) x_i'$$

$$\frac{\delta l}{\delta w} = \frac{1}{n} \left(\left(y_0 - (wx_0' + b) \right) x_0' + \left(y_1 - (wx_1' + b) \right) x_1' + \cdots + \left(y_n - (wx_n' + b) \right) x_n' \right)$$

使用 $\nabla J(w)$ 表示求得的梯度，可以使用向量的内积来运算可得

$$\nabla J(w) = \frac{1}{n} \boldsymbol{x}^{\mathrm{T}} \left(\boldsymbol{y} - (\boldsymbol{xw} + b) \right)$$

$$\nabla J(w) = \frac{1}{n} \boldsymbol{x}^{\mathrm{T}} (\text{loss})$$

八、反向传播

1. 反向传播简介

反向传播是指根据模型的预测结果和真实标签之间的差异，通过链式法则（Chain Rule）逆

向计算梯度，并将梯度从输出层传播回网络的每一层，用于更新模型的参数。在反向传播过程中，首先计算输出层的误差，然后将误差从输出层传播到隐藏层，再传播到更浅的隐藏层，直到传播到输入层。通过反向传播，可以获取关于每个参数对损失函数的梯度信息，从而实现参数的优化和更新。

反向传播的具体实施步骤如下：

（1）前向传播（Forward Propagation）：将输入数据通过网络传递，计算输出并得到预测结果。

（2）计算损失（Compute Loss）：根据预测结果和真实标签计算损失函数的值，衡量预测值与真实值之间的差距。

（3）反向传播（Backward Propagation）：从损失函数开始，利用链式法则逐层计算损失函数对每个参数的梯度。这个过程从输出层向输入层进行，将梯度信息传播回网络的每一层。

（4）参数更新（Update Parameters）：使用计算得到的梯度信息，通过梯度下降或其他优化算法来更新网络中的参数，使损失函数逐步减小。

（5）重复训练（Iterate Training）：重复以上步骤多次，直到达到停止条件（如达到最大迭代次数、损失函数收敛等），训练过程结束。

2. 反向传播实例

有一个简单的神经网络，包含一个输入层、一个隐藏层和一个输出层。输入数据为一个二维向量 $[x_1, x_2]$，隐藏层有两个神经元，输出层有一个神经元，且所有的激活函数均为 sigmoid 函数，使用 MSE 作为损失函数，如图 1-13 所示。

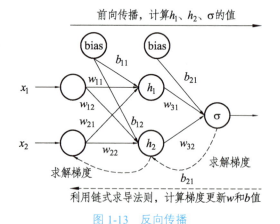

图 1-13　反向传播

x 表示输入数据，对应的标签 y 值为 1。w^1、w^2 分别表示隐藏层和输出层的权重矩阵，b^1、b^2 分别表示隐藏层和输出层的偏置值，具体值如下：

$$x = \begin{bmatrix} x_1 \\ x_2 \end{bmatrix} = \begin{bmatrix} 0.3 \\ 0.7 \end{bmatrix}, \quad w^1 = \begin{bmatrix} w_{11} & w_{21} \\ w_{12} & w_{22} \end{bmatrix} = \begin{bmatrix} 0.1 & 0.3 \\ 0.2 & 0.4 \end{bmatrix},$$

$$w^2 = \begin{bmatrix} w_{31} \\ w_{32} \end{bmatrix} = \begin{bmatrix} 0.7 \\ 0.8 \end{bmatrix}, \quad b^1 = \begin{bmatrix} b_{11} \\ b_{12} \end{bmatrix} = \begin{bmatrix} 0.5 \\ 0.6 \end{bmatrix}, \quad b^2 = [0.9]$$

1）前向传播计算

计算隐藏层的值：

$$H = \text{sigmoid}(X \times w^1 + b^1) = \text{sigmoid}(\begin{bmatrix} 0.3 \\ 0.7 \end{bmatrix} \times \begin{bmatrix} 0.1 & 0.3 \\ 0.2 & 0.4 \end{bmatrix} + \begin{bmatrix} 0.5 \\ 0.6 \end{bmatrix})$$

$$= \text{sigmoid}([0.72, 1.05]) \approx [0.672, 0.741]$$

计算输出层输出：

$$\sigma = \text{sigmoid}(H \times w^2 + b^2) = \text{sigmoid}([0.672, 0.741] \times \begin{bmatrix} 0.7 \\ 0.8 \end{bmatrix} + 0.9)$$

$$= \text{sigmoid}(1.5903) \approx 0.8304$$

2）计算损失

使用平方损失函数来计算损失：

$$\text{loss} = \frac{1}{2}(y - y_{\text{pred}})^2 = \frac{1}{2} \times (1 - 0.8304)^2 \approx 0.0285$$

3)反向传播计算梯度

按照反向传播的基本思路（见图 1-14），需要计算出权重 w_{31} 和 w_{32} 的变化对损失函数的影响有多大，可以先计算出总的损失函数 Out 对 lo 的导数，再求出 lo 的对 w_{31} 和 w_{32} 的导数，这个值就是当前的梯度，最后根据步长更新 w_{31} 和 w_{32}，计算过程如下：

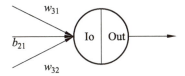

图 1-14　反向传播示意图

$$\frac{\partial \text{Out}}{w_{31}} = \frac{\partial \text{Out}}{\text{lo}} \times \frac{\partial \text{Out}}{w_{31}}$$

$$\frac{\partial \text{Out}}{w_{32}} = \frac{\partial \text{Out}}{\text{lo}} \times \frac{\partial \text{Out}}{w_{32}}$$

按照梯度下降的求导公式可得

$$\frac{\partial \text{Out}}{w^2} = -x^{\text{T}} \times \text{sigmoid}(y - y_{\text{pred}})$$

其中 $x = [0.672, 0.741]$，$\text{sigmoid}(y - y_{\text{pred}}) = -0.0252$

$$\frac{\partial \text{Out}}{w^2} = \begin{bmatrix} 0.672 \\ 0.741 \end{bmatrix} \times (-0.0252) = \begin{bmatrix} -0.0169 \\ -0.0187 \end{bmatrix}$$

$$\frac{\partial \mathrm{Out}}{\boldsymbol{b}^2} = -0.0252$$

同理可求得输入层梯度

$$\frac{\partial \mathrm{Out}}{\boldsymbol{w}^1} \approx \begin{bmatrix} -0.0025 & -0.0029 \\ -0.0058 & -0.0067 \end{bmatrix}$$

$$\frac{\partial \mathrm{Out}}{\boldsymbol{b}^1} \approx \begin{bmatrix} -0.0025 \\ -0.0058 \end{bmatrix}$$

4）更新参数

使用学习率 $\alpha = 0.1$ 来更新参数：

$$\boldsymbol{w}^1 = \boldsymbol{w}^1 - \alpha \frac{\partial \mathrm{Out}}{\boldsymbol{w}^1} \approx \begin{bmatrix} 0.1003 & 0.3003 \\ 0.2006 & 0.4007 \end{bmatrix}$$

$$\boldsymbol{b}^1 = \boldsymbol{b}^1 - \alpha \frac{\partial \mathrm{Out}}{\boldsymbol{b}^1} \approx \begin{bmatrix} 0.5003 \\ 0.6003 \end{bmatrix}$$

$$\boldsymbol{w}^2 = \boldsymbol{w}^2 - \alpha \frac{\partial \mathrm{Out}}{\boldsymbol{w}^2} \approx \begin{bmatrix} 0.7017 \\ 0.8019 \end{bmatrix}$$

$$\boldsymbol{b}^2 = \boldsymbol{b}^2 - \alpha \frac{\partial \mathrm{Out}}{\boldsymbol{b}^2} \approx 0.9025$$

反向传播算法是深度学习中非常重要的一部分，它使得神经网络能够自动学习和调整参数，从而实现对复杂任务的有效建模和解决。

【工作任务】

搭建神经网络完成服饰分类

一、任务概况

任务总体分为两个部分，第一部分读取 Fashion-MNIST 数据集，搭建 ANN 网络，使用数据集训练网络模型，保存模型；第二部分，读取一张服饰图片，加载模型，输出预测结果。系统流程图如图 1-15 所示。

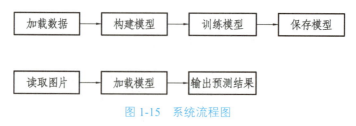

图 1-15　系统流程图

二、Fashion-MNIST 数据集

1. Fashion-MNIST 服饰数据集简介

Fashion-MNIST 是一个经典的机器学习数据集，用于图像分类任务，类似于传统的 MNIST 手写数字数据集，但代替了手写数字的图像，使用了不同种类的服饰图像。数据集包含来自 10 个不同类别的共 70 000 张灰度图像，每个类别包含 7 000 张图像。这些类别包括 T 恤、裤子、套衫、裙子、外套、凉鞋、衬衫、运动鞋、包和踝靴，如图 1-16 所示。每张图像的大小均为 28×28 像素，保存为灰度图像，每个类别对应一个数字标签从 0 到 9。数据集对于图像分类任务而言更具挑战性，更适合用于测试机器学习和深度学习模型的性能。

图 1-16 数据集样例

2. Fashion-MNIST 服饰数据集的读取

Fashion-MNIST 服饰数据集可以使用两种方式读取。

方式一：在线读取数据，在代码执行时下载数据集。数据集的读取代码如下：

```
1.  import tensorflow as tf
2.  from tensorflow.keras.datasets import fashion_mnist
3.  # 加载 Fashion-MNIST 数据集
4.  (train_images, train_labels), (test_images, test_labels) = fashion_mnist.load_data()
5.
6.  # 输出训练集和测试集的形状
```

```
7.  print("训练集图像形状:", train_images.shape)
8.  print("训练集标签形状:", train_labels.shape)
9.  print("测试集图像形状:", test_images.shape)
10. print("测试集标签形状:", test_labels.shape)
```

方式二：先下载数据集，保存到本地，代码执行时从本地硬盘加载数据集。代码如下：

```
1.  #加载数据
2.  def load_mnist(path, kind='train'):
3.      """Load MNIST data from `path`"""
4.      labels_path = os.path.join(path,
5.                      '%s-labels-idx1-ubyte.gz'
6.                      % kind)
7.      images_path = os.path.join(path,
8.                      '%s-images-idx3-ubyte.gz'
9.                      % kind)
10.     with gzip.open(labels_path, 'rb') as lbpath:
11.         labels = np.frombuffer(lbpath.read(), dtype=np.uint8,
12.                     offset=8)
13.     with gzip.open(images_path, 'rb') as imgpath:
14.         images = np.frombuffer(imgpath.read(), dtype=np.uint8,
15.                     offset=16).reshape(len(labels), 28,28)
16.     return images, labels
17.
18. def load_local_fashion_mnist():
19.     x_train, y_train = load_mnist('./data/FashionMNIST/raw', kind='train')
20.     x_test, y_test = load_mnist('./data/FashionMNIST/raw', kind='t10k')
21.     return (x_train, y_train), (x_test, y_test)
```

两种加载数据集的方法都会返回训练集(x_train,y_train)和测试集(x_test,y_test)，可以使用 shape 查看大小，代码如下：

```
1.  def data_shape(x_train, y_train,x_test, y_test):
2.      # 输出数据集的形状
3.      print("训练集输入数据形状:", x_train.shape)
4.      print("训练集标签形状:", y_train.shape)
5.      print("测试集输入数据形状:", x_test.shape)
6.      print("测试集标签形状:", y_test.shape)
```

代码运行后输出训练集数据是 60000 张 28×28 的灰度图片，测试集是 10000 张 28×28 的灰度图片，如图 1-17 所示。

训练集输入数据形状：(60000, 28, 28)

训练集标签形状：(60000, 10)

测试集输入数据形状：(10000, 28, 28)

测试集标签形状：(10000, 10)

图 1-17　数据集的形状

三、搭建全连接神经网络模型

这里采用三层网络模型，图片输入时需要将 28×28 个像素点，使用 Flatten 函数将图片拉平为 1×784 的向量，对应的输入层的神经单元个数为 784 个，隐藏层为 128 个神经单元，输出层为 10 个神经单元，对应 10 个类别，网络模型如图 1-18 所示。

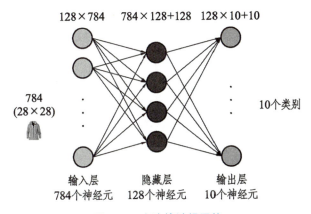

图 1-18　全连接神经网络

本任务使用 keras 架构来搭建全连接神经网络，首先初始化序列，然后使用 add 函数添加 Dense，最后设置优化器为 Adam，损失函数为'categorical_crossentropy'，代码如下：

```
1.  def build_model():
2.      #初始化序列
3.      model = tf.keras.Sequential()
4.      model.add(Flatten(input_shape=(28, 28)))  # 将输入展平为一维向量
5.      model.add(Dense(128, activation='relu'))  # 添加全连接隐藏层
6.      model.add(Dense(10, activation='softmax'))  # 添加输出层
7.      #编译模型
8.      model.compile(optimizer='adam',
9.            loss='categorical_crossentropy',
10.           metrics=['accuracy'])
11.     return model
```

网络架构搭建完毕后，返回 model，接下来使用 fit 函数训练网络，训练网络时需要传入训练集、训练集标签(x_train、y_train)、训练批次 epochs，每次传入多少个数据 batch_size=128，代码如下：

```
1.  #训练模型
2.  def train_model(model, x_train, y_train, epochs=10):
3.   history = model.fit(x_train, y_train, epochs=epochs,batch_size=128,validation_data=(x_test,
y_test))
4.     return history
```

四、搭建全连接神经网络模型

编写 main 方法，调用 load_local_fashion_mnist 函数加载数据，build_model 构建模型，train_model 训练模型，代码如下：

```
1.  if __name__ == '__main__':
2.   (x_train, y_train), (x_test, y_test)=load_local_fashion_mnist()
3.
4.   x_train = x_train.astype('float32') /255.0
5.   x_test = x_test.astype('float32') /255.0
6.   class_names = ['T-shirt/top', 'Trouser', 'Pullover', 'Dress', 'Coat',
7.        'Sandal', 'Shirt', 'Sneaker', 'Bag', 'Ankle boot']
8.   show_image(x_train,y_train,class_names)
9.   # 将标签转换为 one-hot 编码
10.  num_classes = 10
11.  y_train = to_categorical(y_train, num_classes)
12.  y_test = to_categorical(y_test, num_classes)
13.  data_shape(x_train, y_train, x_test, y_test)
14.  model=build_model()
15.  train_model(model, x_train, y_train)
16.  loss, accuracy = model.evaluate(x_test, y_test)
```

代码经过 10 个 epoch 运行后，在训练集上 loss 的值为 0.2463，acc 的值为 0.9092，在测试集上 loss 的值为 0.3400，acc 的值为 0.8781，如图 1-19 所示。

```
Epoch 10/10
  1/938 [..............................] - ETA: 0s - loss: 0.2085 - accuracy: 0.9375
 90/938 [=>............................] - ETA: 0s - loss: 0.2359 - accuracy: 0.9148
185/938 [====>.........................] - ETA: 0s - loss: 0.2381 - accuracy: 0.9131
272/938 [=======>......................] - ETA: 0s - loss: 0.2413 - accuracy: 0.9135
375/938 [==========>...................] - ETA: 0s - loss: 0.2426 - accuracy: 0.9124
455/938 [=============>................] - ETA: 0s - loss: 0.2394 - accuracy: 0.9129
561/938 [=================>............] - ETA: 0s - loss: 0.2463 - accuracy: 0.9112
664/938 [====================>.........] - ETA: 0s - loss: 0.2462 - accuracy: 0.9110
766/938 [=======================>......] - ETA: 0s - loss: 0.2471 - accuracy: 0.9099
870/938 [==========================>...] - ETA: 0s - loss: 0.2462 - accuracy: 0.9096
938/938 [==============================] - 1s 694us/step - loss: 0.2463 - accuracy: 0.9092 - val_loss: 0.3400 - val_accuracy: 0.8781
```

图 1-19　神经网络训练结果

五、保存并读取模型

1. 保存模型

模型训练完毕后包括权重参数和网络结构两个部分，可以将其保存为 HDF5（.h5）文件。这个文件中该文件通常包含模型的权重参数，以及模型的结构信息（如网络层次、连接方式等）。此外，也可以使用 JSON 文件保存模型的架构、层次结构、超参数等信息，但不包含权重参数。还可以只保存权重参数，与 H5 文件相比，权重文件更加轻量级，因为它们仅包含模型的参数值，而不包含模型的结构信息。本任务定义了 save_model 函数保存模型，代码如下：

```
1.  #保存模型
2.  def save_model(model):
3.     #输出网络架构
4.     model.summary()
5.     #保存权重参数与网络模型
6.     model.save('./model/fashion_model.h5')
7.     #保存权重参数
8.     weights = model.get_weights()
9.     model.save_weights('./model/weights.h5')
10.    #保存网络架构
11.    config = model.to_json()
12.    with open('./model/config.json', 'w') as json:
13.       json.write(config)
```

代码运行后在 model 文件中生成了模型文件、权重文件和架构文件。

2. 读取模型

使用 load_model() 函数加载本地模型文件，并返回 model 对象，然后加载图片，随机从验证集中抽取 15 张照片，输入模型输出分类结果，代码如下：

```
1.  from tensorflow import keras
2.  import matplotlib.pyplot as plt
3.  import numpy as np
4.  import gzip
5.  import os
6.
7.  #加载模型
8.  def load_model():
9.     model = keras.models.load_model('./model/fashion_model.h5')
10.    model.summary()
11.    return model
12.
```

```
13. #加载照片
14. def load_mnist(path, kind='train'):
15.     """Load MNIST data from `path`"""
16.     labels_path = os.path.join(path,
17.                         '%s-labels-idx1-ubyte.gz'
18.                         % kind)
19.     images_path = os.path.join(path,
20.                         '%s-images-idx3-ubyte.gz'
21.                         % kind)
22.     with gzip.open(labels_path, 'rb') as lbpath:
23.         labels = np.frombuffer(lbpath.read(), dtype=np.uint8,
24.                         offset=8)
25.     with gzip.open(images_path, 'rb') as imgpath:
26.         images = np.frombuffer(imgpath.read(), dtype=np.uint8,
27.                         offset=16).reshape(len(labels), 28,28)
28.     return images, labels
29.
30. #读取数据
31. def load_local_fashion_mnist():
32.     x_train, y_train = load_mnist('./data/FashionMNIST/raw', kind='train')
33.     x_test, y_test = load_mnist('./data/FashionMNIST/raw', kind='t10k')
34.     return (x_train, y_train), (x_test, y_test)
35.
36. #显示图片
37. def plot_image(i, predictions_array, true_label, img,class_names):
38.     predictions_array, true_label, img = predictions_array, true_label[i], img[i]
39.     plt.grid(False)
40.     plt.xticks([])
41.     plt.yticks([])
42.     plt.imshow(img, cmap=plt.cm.binary)
43.     predicted_label = np.argmax(predictions_array)
44.     if predicted_label == true_label:
45.         color = 'blue'
46.     else:
47.         color = 'red'
48.     plt.xlabel("{} {:2.0f}% ({})".format(class_names[predicted_label],
49.                     100*np.max(predictions_array),
50.                     class_names[true_label]),
51.                     color=color)
```

```
52. #显示图片的概率值
53. def plot_value_array(i, predictions_array, true_label):
54.     predictions_array, true_label = predictions_array, true_label[i]
55.     plt.grid(False)
56.     plt.xticks(range(10))
57.     plt.yticks([])
58.     thisplot = plt.bar(range(10), predictions_array, color="#777777")
59.     plt.ylim([0, 1])
60.     predicted_label = np.argmax(predictions_array)
61.     thisplot[predicted_label].set_color('red')
62.     thisplot[true_label].set_color('blue')
63.
64. #检测15张照片
65. def chekc_image(class_names):
66.     num_rows = 5
67.     num_cols = 3
68.     num_images = num_rows * num_cols
69.     plt.figure(figsize=(2 * 2 * num_cols, 2 * num_rows))
70.     for i in range(num_images):
71.         plt.subplot(num_rows, 2*num_cols, 2*i+1)
72.         plot_image(i, predictions[i], test_labels, test_images,class_names)
73.         plt.subplot(num_rows, 2 * num_cols, 2 * i + 2)
74.         plot_value_array(i, predictions[i], test_labels)
75.     plt.tight_layout()
76.     plt.show()
77.
78. if __name__ == '__main__':
79.     model=load_model()
80.     (train_images, train_labels),(test_images, test_labels)=load_local_fashion_mnist()
81.     #归一化
82.     train_images = train_images / 255.0
83.     test_images = test_images / 255.0
84.     predictions = model.predict(test_images)
85.     class_names = ['T-shirt/top', 'Trouser', 'Pullover', 'Dress', 'Coat',
86.                 'Sandal', 'Shirt', 'Sneaker', 'Bag', 'Ankle boot']
87.     chekc_image(class_names)
```

代码运行后，以可视化的方式将预测的结果进行显示，左边的图像显示物体，右边的柱状图显示物体所属类别的概率。如图 1-20 所示，错误显示为红色，第 13 张图片分类错误。

图 1-20　预测结果

任务 二　使用卷积神经网络完成猫狗识别

【任务导入】

猫狗识别是一个经典的图像分类问题，目标是根据输入的图像判断其中是否包含猫或狗。卷积神经网络（CNN）是一种深度学习模型，特别适用于处理图像数据。它能够从输入图像中提取局部特征，并利用这些特征进行分类。本任务使用卷积神经网络（CNN）训练一个模型完成猫狗识别。

知识目标

（1）理解深度学习过拟合及其应对策略。
（2）了解卷积神经网络的基本结构。
（3）理解卷积运算的原理及作用。
（4）了解池化层的原理及作用。
（5）理解激活函数在 CNN 中的应用。

能力目标

（1）能识别模型过拟合的现象和原因。
（2）能进行数据预处理。
（3）能构建卷积神经网络。
（4）能完成模型的训练和评估。
（5）能进行模型的调参和优化。

拓展能力

（1）能优化和调整 CNN 架构。
（2）能进行模型调优和超参数搜索。

什么是卷积神经网络（CNN）？

卷积神经网络（CNN）是一种深度学习模型，特别适用于处理具有网格结构数据的任务，如图像和视频识别。CNN 的设计灵感源自对生物视觉系统的理解，其核心思想是通过学习图像中的局部模式和特征来识别整体图案。

CNN 的主要组成部分包括卷积层（Convolutional Layers）、池化层（Pooling Layers）、激活函数、全连接层（Fully Connected Layers）以及可选的正则化层（如 Dropout）。

【任务知识】

一、全连神经网络的缺点

全连接神经网络（Fully Connected Neural Networks）虽然在某些任务上表现良好，但也存在一些缺点：

（1）参数量大：全连接层中的每个神经元都与前一层的所有神经元相连接，导致参数数量呈二次增长，这使得网络变得庞大而复杂。大量的参数不仅会增加模型的计算量，还容易导致过拟合，尤其是在数据量较少的情况下。

（2）容易过拟合：由于全连接层中的参数数量庞大，模型具有较高的灵活性，容易在训练集上过度拟合，导致在测试集上的性能下降。特别是在训练数据较少的情况下，过拟合问题更加严重。

（3）不考虑空间结构：全连接层不考虑输入数据的空间结构，即对输入数据进行扁平化处理，丢失了数据的二维结构信息。这对于处理图像等具有空间结构的数据来说是一种信息损失。

（4）计算资源消耗大：全连接层中的参数数量庞大，因此训练和推理时需要较大的计算资源。特别是在大规模数据和复杂模型的情况下，需要更多的计算资源和时间。

（5）不适用于大规模数据：全连接神经网络在处理大规模数据时可能面临计算资源不足的问题。因为参数量较大，需要大量的内存和计算资源来进行训练和推理。

例如如果有一张的照片，输入层为 100×100，隐藏层为 100×100，那么这层就有 $100 \times 100 \times 100 \times 100$ 个参数以 32 位的浮点数进行存储，就需要 4×10^8 字节的存储量，约等于 400 MB 的参数量。仅仅这样的一个网络层，其模型参数量已经超过 AlexNet 网络的参数量，而 100×100 的特征图像分辨率，已经低于很多任务能够成功解决的下限。由于参数过多，经常容易导致过拟合现象发生。

二、图像的卷积

1. 卷积(Convolutiona)操作

卷积操作在信号处理和图像处理中有着广泛应用，它描述了两个函数之间的一种运算。在离散情况下，卷积操作可以用以下数学表达式表示：给定两个离散函数 $f(x)$ 和 $g(x)$，它们的卷积 $h(x)$ 定义为

$$h(x) = (f*g)(x) = \sum_{k=-\infty}^{\infty} f(k)g(x-k)$$

式中，*表示卷积操作；$h(x)$ 是卷积结果，$f(x)$ 和 $g(x)$ 是输入的离散函数。

对于二维离散情况下的图像处理，假设有两个二维离散函数 $h(i,j)$ 和 $g(i,j)$，它们的卷积 $h(i,j)$ 定义为

$$h(i,j) = (f*g)(i,j) = \sum_{k=-\infty}^{\infty} \sum_{k=-\infty}^{\infty} f(m,n)g(i-k,j-n)$$

式中，*表示卷积操作；$h(i,j)$ 是卷积结果；$f(i,j)$ 和 $g(i,j)$ 是输入的二维离散函数。

卷积操作可以应用于图像处理、信号处理等领域，用于特征提取、滤波等任务。在深度学习中，卷积神经网络（CNN）通过卷积操作来提取输入图像的特征，并在此基础上进行分类、检测等任务。

2. 图像卷积

卷积运算需要使用图形卷积核，它是在图像处理中使用的一种卷积核，用于对图像进行滤波、特征提取或增强等操作。图形卷积核通常是一个小的二维矩阵，其中的元素表示在卷积过程中每个位置的权重。

图像可以表示为像素矩阵形式，卷积操作可以看作是确定一个卷积核，将这个卷积核在图像像素矩阵中按照指定的步长从左至右、从上到下移动，在移动过程中，将卷积核的权重与其对应的图像矩阵区域的权重做乘积并相加，最终输出一个值，卷积过程如图 2-1 所示。

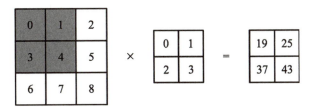

图 2-1　卷积运算

卷积核从图像矩阵的左上角开始，从左到右、从上到下滑动。当卷积核滑动到下一个位置时，包含在该区域中的像素值与卷积核区域中的值进行按元素相乘，再求和得到一个单一的标量值，由此得出这一位置的输出值。在上例中，输出结果是一个二维矩阵，高度为 2，宽度为 2，计算过程如下：

$$0 \times 0 + 1 \times 1 + 3 \times 2 + 4 \times 3 = 19$$

$$1 \times 0 + 2 \times 1 + 4 \times 2 + 5 \times 3 = 25$$

$$3 \times 0 + 4 \times 1 + 6 \times 2 + 7 \times 3 = 37$$

$$4 \times 0 + 5 \times 1 + 7 \times 2 + 8 \times 3 = 43$$

三、卷积层

1. 卷积核

图像的卷积运算是提取图像的特征，这时需要使用到卷积核，它是一种可学习的滤波器，作用是提取输入数据的局部特征。在卷积操作中，卷积核可以识别输入图像中的不同特征，如边缘、纹理、角落等，也可以提取更加高级的特征表示。在图像的卷积运算中通过使用多个卷积核，可以提取不同类型的特征，形成更加复杂的特征表示，进而提高模型的性能。

卷积核的大小是卷积神经网络中的一个超参数，通常与输入数据的尺寸以及需要提取的特征的大小有关。卷积核的大小通常比较小，例如常见的卷积核大小为 3×3 或 5×5，因为较小的卷积核可以更好地保留输入图像中的局部特征。在训练过程中，卷积核通过学习数据中的模式和特征进行调整。常见的卷积核有以下几种。

（1）Laplacian 卷积核：用于检测图像中的边缘和角点，具有旋转不变性和尺度不变性，如图 2-2 所示。

图 2-2　Laplacian 卷积核

（2）高斯卷积核：主要用于图像平滑处理。其核心作用是通过加权平均抑制高频噪声，同时模糊图像中的细节信息（如边缘和纹理）。通常为奇数尺寸的正方形卷积核（如 3×3、5×5），如图 2-3 所示。

图 2-3　高斯卷积核

（3）垂直边缘检测卷积核：用于检测图像中的垂直边缘，通常为 3×3 大小的卷积核，如图 2-4 所示。

图 2-4　垂直边缘检测卷积核

2. 卷积层的输入与卷积核

卷积层（Convolutional Layer）是卷积神经网络（CNN）中的一种核心层级，用于对输入数据进行特征提取。卷积层对输入和卷积核权重进行互相关运算，并在添加标量偏置之后产生输出。所以，卷积层中的两个被训练的参数是卷积核权重和标量偏置。就像之前随机初始化全连接层一样，在训练基于卷积层的模型时，也随机初始化卷积核权重。

有一张 $7 \times 7 \times 3$ 的图像，使用 2 个 $3 \times 3 \times 3$ 卷积核对图像进行卷积运算，其中 $7 \times 7 \times 3$ 是输入(input)，如果输入的图像 7×7 表示图像的 $H \times W$，3 表示图像的 RGB 通道，如图 2-5 所示。

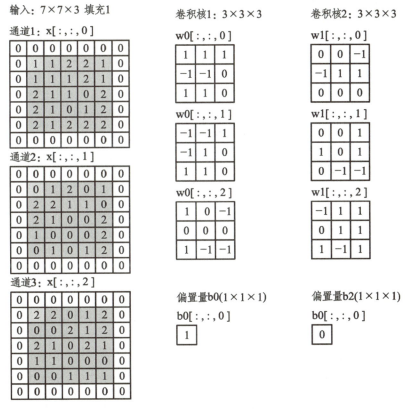

图 2-5　卷积运算输入、卷积核、偏置值

图 2-5 中使用了两个卷积和(filter) w0 和 w1，形状(shape)为 $3 \times 3 \times 3$，卷积核的第三个维度必须和图像的通道数相同。卷积核还有偏置值(bias)，为了方便计算，偏置值的形状(shape)为 $(1 \times 1 \times 1)$。

3. 图像卷积运算

将卷积核按照步长 2 进行卷积运算，图形有 3 个通道，卷积核 w0 分别与图像通道 1、通道 2、通道 3 做内积运算，分别得到 0,2,0，将 3 个值与偏置值相加得到 3，这时的值就是一个特征值，计算过程如图 2-6 所示。

卷积核横向移动 2 个像素点，按照上述计算过程就得到第 2 个特征值-5，继续计算得到卷积核 1 对图像做卷积运算的结果特征矩阵 O1，接着使用卷积核 2 对图像做卷积运算得到特征矩阵 O2，最终得到输出的特征图（Feature Map），它的形状是 $(3 \times 3 \times 2)$，如图 2-7 所示。

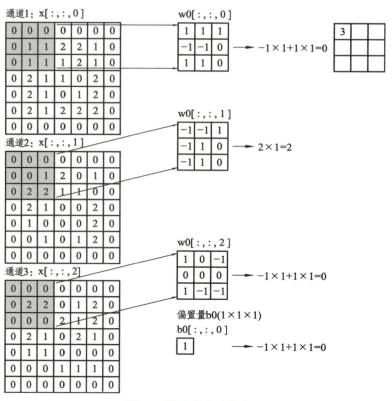

图 2-6　图像卷积计算过程

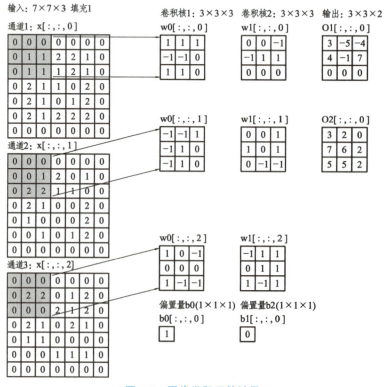

图 2-7　图像卷积运算结果

四、卷积层属性

1. 特征图（Feature Map）

卷积运算的输出通常称为特征图。每个特征图都是卷积核在输入图像上滑动并计算点积后的结果。

特征图的维度，卷积运算的输出维度取决于输入图像的尺寸、卷积核的尺寸、步长（Stride）及填充（Padding）的选择。一般来说，输出的高度和宽度可以根据以下公式计算：

$$Out\_H = \frac{H + 2 \times Pad - F\_H}{stride} + 1$$

$$Out\_W = \frac{W + 2 \times Pad - F\_W}{stride} + 1$$

式中，H 是输入图像的高度；W 是输入图像的宽度；F_H、F_W 分别表示卷积核的高度、宽度。如上例中，$H = 5$，$W = 5$，$pad = 1$，$F\_H = 3$，$F\_W = 3$。

$$Out\_H = \frac{5 + 2 \times 1 - 3}{2} + 1 = 3$$

$$Out\_W = \frac{5 + 2 \times 1 - 3}{2} + 1 = 3$$

输出的深度取决于卷积层中的卷积核的数量。每个卷积核生成一个特征图，因此输出的深度等于卷积核的数量。上例中有 2 个卷积核，最终的特征图的形状为 3×3×2。

2. 卷积运算参数

步长（Stride）：卷积核遍历特征图时每步移动的像素，如步长为 1 则每次移动 1 个像素，步长为 2 则每次移动 2 个像素（即跳过 1 个像素），以此类推。步长越小，提取的特征会更精细。

填充（Padding）：处理特征图边界的方式一般有两种，一种是"valid"，对边界外完全不填充，只对输入像素执行卷积操作，这样会使输出特征图像尺寸变得更小，且边缘信息容易丢失；另一种是"same"，对边界外进行填充（一般填充为 0），再执行卷积操作，这样可使输出特征图的尺寸与输入特征图的尺寸一致，边缘信息也可以多次计算。

非线性激活函数：通常在卷积运算之后会应用一个非线性激活函数，如 ReLU（整流线性单元），以增加网络的非线性和表达能力。

通道（Channel）：卷积层的通道数（层数）。如彩色图像一般都是 RGB 三个通道（channel）。

卷积核数目：主要还是根据实际情况调整，一般都是取 2 的整数次方，数目越多计算量越大，相应模型拟合能力越强。

3. 卷积参数共享

卷积参数共享（Weight Sharing in Convolution）是卷积神经网络（CNN）中一种关键的特性。它指的是在卷积操作中，同一卷积核的权重在整个输入图像上是共享的，这意味着同一个卷积核在整个输入图像上滑动时，每次滑动使用的权重是相同的。

卷积参数共享带来了以下几个好处：

（1）减少参数数量。在全连接层中，每个神经元与输入数据的每一个元素都连接，这会导致大量的参数。而在卷积层中，卷积核的权重在整个输入图像上共享，极大地减少了模型的参数数量。参数数量的减少降低了模型的复杂性，减少了过拟合的风险。

例如，图像大小为 $32 \times 32 \times 3$，如果使用全连接神经网络，假设有 100 个神经元，参数量为 $32 \times 32 \times 3 \times 100 = 307\,200$。如果使用 10 个 $5 \times 5 \times 3$ 的 filter 来进行卷积操作，需要的参数为 $5 \times 5 \times 3 \times 10 = 750$，再加上 10 个偏置参数，共需要 760 个权重参数。

（2）提高计算效率。参数共享降低了模型的计算量，因为需要训练和更新的参数变少了。这使得训练和推理的速度加快。

（3）平移不变性。参数共享带来了对输入数据的平移不变性。由于卷积核在整个输入图像上共享相同的权重，当输入图像发生平移时，卷积运算得到的特征图仍然能够捕捉到相似的特征。

（4）局部连接。卷积层中的每一个卷积核只与输入数据的一个局部区域（如 3×3、5×5 等）进行卷积操作。这种局部连接结合参数共享，有助于提取局部特征，类似于人眼观察局部细节的方式。

五、池化层

1. 池化简介

池化层（Pooling layer）是卷积神经网络（CNN）中常用的一种层类型，它的主要作用是通过对输入数据进行下采样（subsampling）或汇聚（pooling），减少数据的空间维度，同时保留重要的特征。

例如，卷积得到 $224 \times 224 \times 64$ 的特征图，这时可以设定一个池化核，大小 2×2，同时已设定池化的步长为 2×2，那么池化得到的特征图 W 和 H 的大小为

$$W = \frac{224-2}{2}+1=112 \qquad H = \frac{224-2}{2}+1=112$$

如图 2-8 所示，经过池化后征图形状变为 $112 \times 112 \times 64$，相当于将 H 和 W 的尺寸全部减小一半。池化的过程与下采样类似，可以理解为对图像特征的压缩。

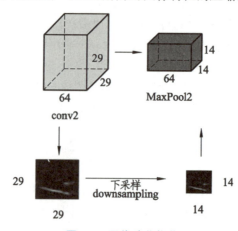

图 2-8　图像池化操作

2. 池化操作

池化操作通常有以下几个参数：池化窗口大小，指定池化操作的区域大小，例如 (2, 2) 表示 2×2 的区域。步长，指定池化操作的步长（stride），即在每次操作后，窗口移动的距离，例如步长为 (2, 2) 表示每次移动 2 个单位。

池化操作有两种：一是最大池化（Max Pooling），在给定的池化窗口内选择最大值，这种操作有助于保留特征图中的最显著特征；二是平均池化（Average Pooling），在给定的池化窗口内计算平均值，这种操作有助于平滑特征图。

最大池化（Max Pooling），池化核的大小为 2×2，步长为 2×2，在特征图中选取 2×2 区域的最大值，按照步长滑动窗口，依次取出每次选中区域的最大值，得到池化后的结果，如图 2-9 所示。

图 2-9　Max　Pooling 操作

平均池化和最大化池化操作类似，不同之处在于每次求取选定特征区域的平均值，在实际使用过程中最大池化（Max Pooling）的效果要好于均池化（Average Pooling）。

3. 池化的作用

池化操作最直观的效果就是特征图的尺寸缩减，池化层会减小输入数据的尺寸，从而减少了后续层需要处理的数据量。这有助于减少模型的计算成本和内存占用；通过池化层的操作，模型对输入数据的平移、缩放和旋转等变化变得更加健壮，因为池化操作会将局部区域内的特征进行整合，这减少了对具体位置的依赖；池化层在一定程度上可以帮助减轻过拟合，因为它降低了模型的复杂度，减少了参数的数量。

六、卷积神经网络结构

卷积神经网络（CNN）是一种用于处理图像和视频数据的深度学习网络架构，是深度学习中最受欢迎、最基础的模型之一。CNN 的主要层包括输入层、卷积层、池化层、全连接层、输出层等。

输入层：通常是图像数据，它被表示为多通道特征图，例如 RGB 图像是 3 通道特征图。

卷积层：使用卷积操作提取输入特征图中的局部特征。卷积层包括多个滤波器，每个滤波器在输入特征图上滑动，以生成新的特征图，在卷积操作后通常使用激活函数（如 ReLU）来引入非线性。

池化层：通常在卷积层之后应用池化层，以降低特征图的空间维度，减少计算量，增加健壮性。卷积层和池化层交替使用，以提取和聚合特征，这些层可以堆叠在一起，可以组成深层网络。

全连接层：这些层通常位于 CNN 的末尾，用于对高层次特征进行分类，全连接层将特征图展平为一维向量，并与输出层连接。

输出层：生成最终预测结果，如在图像分类任务中是类别概率。

例如猫狗识别中，输出的是三通道的猫狗图片，使用了 3 个卷积+最大池化层，最终提取了 $6 \times 6 \times 128$ 的特征图。随后使用 flatten 函数将特征图拉平，与 512 个神经元进行全连接，并使用 ReLU 作为激活函数，最终使用 sigmoid 函数得到概率。根据概率就可以知道当前图片是猫还是狗。模型结构如图 2-10 所示。

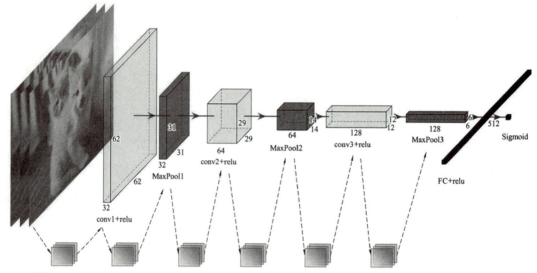

图 2-10　卷积神经网络

设计 CNN 网络时需要考虑卷积核的大小和数量，因为这些值决定了每一层能够提取的特征的粒度。同时，还要考虑池化层的池化窗口和步长，它决定了特征图的降维程度。对于复杂的问题还要考虑网络深度，因为更多的卷积层和池化层可以提取更高级的特征。最后还需要注意网络的过拟合，需要使用正则化和 dropout 操作用于减少过拟合的风险。

【工作任务】

使用卷积神经网络完成猫狗分类

一、项目概况

项目总体分为两个阶段，第一阶段读取猫狗的数据集，搭建卷积神经网络（CNN）模型，使用数据集训练模型，保存模型；第二阶段读取一张图片，加载模型，输出预测结果。系统流程图如图 2-11 所示。

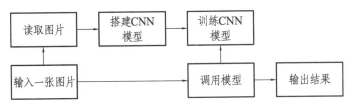

图 2-11　系统流程图

数据集中包含训练数据集（train）和验证集（validation）。训练数据集中包含 1 000 张猫和 1 000 张狗的照片，如图 2-12 所示。验证集中包含 500 张猫和 500 张狗的照片。照片是彩色的三通道照片，但是大小不同，在使用时需要使用 resize 函数将照片变化为固定的大小。

图 2-12　猫狗数据集

二、读取猫狗数据集

1. 返回存放训练集和验证集的目录

训练集和验证集数据分别存放在当前目录的 data 文件下。定义函数 load_data_path 分别返回训练验证集中猫和狗的数据目录，代码如下：

```
1.  def load_data_path(path):
2.     base_dir = path
3.     train_dir = os.path.join(base_dir, 'train')
4.     validation_dir = os.path.join(base_dir, 'validation')
5.     # 训练集
6.     train_cats_dir = os.path.join(train_dir, 'cats')
7.     train_dogs_dir = os.path.join(train_dir, 'dogs')
8.     # 验证集
9.     validation_cats_dir = os.path.join(validation_dir, 'cats')
10.    validation_dogs_dir = os.path.join(validation_dir, 'dogs')
11.    return train_cats_dir, train_dogs_dir, validation_cats_dir, validation_dogs_dir,train_dir,
validation_dir
```

2. 使用图片生成器加载数据图片

ImageDataGenerator()是 keras.preprocessing.image 模块中的图片生成器,主要用于生成批次化的图像数据供模型训练。可以使用 flow、flow_from_dataframe、flow_from_directory 方法从 dataframe 或者文件夹中批量生成数据。

ImageDataGenerator()还可以作为图像增强处理器,对每一个批次的训练图片,适时地进行数据增强处理(data augmentation)可以在 batch 中对数据进行增强,扩充数据集大小,增强模型的泛化能力,如进行旋转、变形、归一化等,并自动为训练数据生成标签。

本例中首先定义一个 ImageDataGenerator,同时定义对图片数据做归一化处理,然后使用 flow_from_directory 从训练集和验证集文件中按照每批 20 张,取出图片,并将图片的大小转化为 64×64,同时生成二分类标签,代码如下:

```
1.  def load_data(train_cats_dir, train_dogs_dir, validation_cats_dir, validation_dogs_dir,train_dir, validation_dir):
2.    # 读进来的数据会被自动转换成 tensor(float32)格式,分别准备训练和验证
3.    # 并对图像数据做归一化(0,1)区间
4.    train_datagen = ImageDataGenerator(rescale=1. / 255)
5.    test_datagen = ImageDataGenerator(rescale=1. / 255)
6.    #生成训练集
7.    train_generator=train_datagen.flow_from_directory(
8.      train_dir,# 文件夹路径
9.      target_size=(64,64),#变换图片
10.     batch_size=20,#每次从文件夹中取 batch_size 张图片进行处理
11.     class_mode='binary'#二分类用 binary
12.   )
13.   validation_generator=test_datagen.flow_from_directory(
14.     validation_dir,
15.     target_size=(64, 64),
16.     batch_size=20,
17.     class_mode='binary'
18.   )
19.   return train_generator,validation_generator
```

三、搭建 CNN 模型

1. 搭建模型

按照卷积层提取特征,池化层压缩汇聚特征,搭建一个由 3 层卷积、3 层池化层、1 个 512 个神经元的全连接层和输出层组成的卷积神经网络。网络结构如图 2-13 所示。

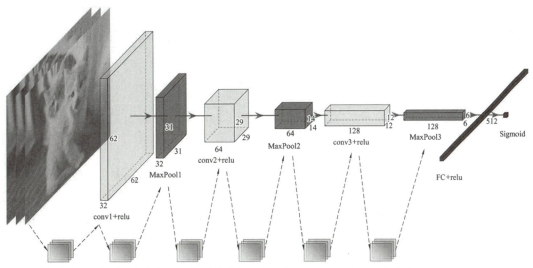

图 2-13　猫狗识别 CNN 网络

使用 kears 来搭建网络，代码如下：

```
1.   #搭建并训练网络
2.   def create_model(train_generator,validation_generator):
3.       model=Sequential()
4.       #第 1 层卷积池化
5.       model.add(Conv2D(32,(3,3),activation='relu',input_shape=(64,64,3)))
6.       model.add(MaxPool2D(2,2))
7.       # 第 2 层卷积池化
8.       model.add(Conv2D(64, (3, 3), activation='relu'))
9.       model.add(MaxPool2D(2, 2))
10.      # 第 3 层卷积池化
11.      model.add(Conv2D(128, (3, 3), activation='relu'))
12.      model.add(MaxPool2D(2, 2))
13.      #全连接层
14.      model.add(Flatten())
15.      model.add(Dense(512,activation='relu'))
16.      #输出
17.      model.add(Dense(1,activation='sigmoid'))
18.      model.summary()
19.      model.compile(loss='binary_crossentropy', optimizer=Adam(lr=1e-4), metrics=['acc'])
20.      #利用批量拟合器拟合模型
21.      his=model.fit_generator(
22.         train_generator,
```

```
23.        steps_per_epoch=100,
24.        epochs=20,
25.        validation_data=validation_generator,
26.        validation_steps=50, verbose=2
27.    )
28.    return his,model
```

2. 输入输出及参数大小

代码中使用了 Conv2D(32,(3,3),activation='relu',input_shape=(64,64,3)) 方法新建一个卷积层，可以看出输入层的大小为 64×64×3，32 个卷积核大小为 3×3。这里需要说明的是，因为该卷积层卷积核的第三个维度要和输入数据的第三个维度相同，所以卷积核的形状为 3×3×3×32，这里还使用了 ReLU 作为激活函数，进行卷积运算后输出 62×62×32 的特征图，接着使用 2×2 池化核池化压缩特征，输出 31×31×32 的特征图，第一层的参数个数为 32×3×3×3+32 = 896。

第二层卷积，使用 64 个 3×3×32 的卷积核，卷积运算后得到 29×29×64 的特征图，接着使用 2×2 池化核池化压缩特征，输出 14×14×64 的特征图。第二层的参数个数为：64×3×3×32+64 = 18496。

第三层卷积，使用 128 个 3×3×64 的卷积核，卷积运算后得到 12×12×128 的特征图，接着使用 2×2 池化核池化压缩特征，输出 6×6×128 的特征图。第三层的参数个数为：128×3×3×64+128 = 73856。

然后使用 Flatten 函数将特征拉平为 1×4608，将其作为输入，连接一个 512 个神经元的全连接层，并使用 ReLU 作为激活函数。全连接层参数个数为：512×4608+512 = 2359808。

最后使用 sigmoid 输出概率，参数个数为 512+1 = 513。网络结构输出如图 2-14 所示。

```
Model: "sequential"

_____
Layer (type)                 Output Shape              Param #
=================================================================
conv2d (Conv2D)              (None, 62, 62, 32)        896

max_pooling2d (MaxPooling2D) (None, 31, 31, 32)        0

conv2d_1 (Conv2D)            (None, 29, 29, 64)        18496

max_pooling2d_1 (MaxPooling2 (None, 14, 14, 64)        0

conv2d_2 (Conv2D)            (None, 12, 12, 128)       73856

max_pooling2d_2 (MaxPooling2 (None, 6, 6, 128)         0

flatten (Flatten)            (None, 4608)              0

dense (Dense)                (None, 512)               2359808

dense_1 (Dense)              (None, 1)                 513
=================================================================
Total params: 2,453,569
Trainable params: 2,453,569
Non-trainable params: 0
```

图 2-14　网络的每层输出及参数个数

2. 模型训练

模型搭建完毕后可以使用 fit 函数和 fit_generator 加载数据并训练模型。

fit_generator 用于从生成器（generator）获取数据，并进行模型训练。它利用生成器分批次地向模型送入数据，生成器在调用时返回 (inputs, targets) 的元组或 (inputs, targets, sample_weight) 的三元组。使用生成器可以用于训练大型数据集，这样数据不需要全部加载到内存中，只要在需要时按批次生成即可。这样适合处理内存受限的情况，用法如下：

```
1.   his=model.fit_generator(
2.         train_generator,
3.         steps_per_epoch=100,
4.         epochs=20,
5.         validation_data=validation_generator,
6.         validation_steps=50, verbose=2
7.   )
```

本例中使用数据生成器 train_generator 加载数据，steps_per_epoch = 100 表示设置数据生成器中生成数据的次数类似于 batchs 的作用，epochs = 20 表示迭代训练 20 个轮次，epochs = 20 是验证集数据生成器，validation_steps = 50 验证集生成器生成数据的次数每次加载 50 张图片，verbose = 2 设置训练日志输出的方式，每个 epoch 输出一条日志，如图 2-15 所示。

```
100/100 - 2s - loss: 0.2607 - acc: 0.9035 - val_loss: 0.5655 - val_acc: 0.7310
Epoch 17/20
100/100 - 2s - loss: 0.2386 - acc: 0.9195 - val_loss: 0.6276 - val_acc: 0.7320
Epoch 18/20
100/100 - 2s - loss: 0.2274 - acc: 0.9215 - val_loss: 0.5952 - val_acc: 0.7270
Epoch 19/20
100/100 - 2s - loss: 0.1972 - acc: 0.9370 - val_loss: 0.5891 - val_acc: 0.7360
Epoch 20/20
100/100 - 2s - loss: 0.1851 - acc: 0.9415 - val_loss: 0.5825 - val_acc: 0.7430
```

图 2-15　训练模型输出

fit 方法通常用于直接输入数据集进行训练，数据集通常以 NumPy 数组形式传递给 fit 方法，这种方法适用于数据集完全可以加载到内存中的情况。但是当数据集很大时，对计算机的内存消耗非常大，这时就需要分批次加载数据并训练，传入一个数据生成器对象 data_generator 代替 X_train, y_train，从生成器中按需获取数据并训练，代码如下：

```
1.  #一次加载所有数据并训练模型
2.  model.fit(X_train, y_train, epochs=10, batch_size=32)
3.  #从生成器中按需获取数据并训练
4.  model.fit(data_generator(), steps_per_epoch=100, epochs=10)
```

总的来说，fit 和 fit_generator 的主要区别在于数据输入的形式，前者直接从完整数据集中训练，而后者从生成器中按需获取数据并训练。

3. 保存模型

保存模型使用 model.save、model.save_weights、model.to_json()分别保存模型、模型的权重、

模型的架构，模型文件保存在./model 目录，代码如下：

```
1.  def save_model(model):
2.      #输出网络架构
3.      model.summary()
4.      #保存权重参数与网络模型
5.      model.save('./model/fashion_model.h5')
6.      #保存权重参数
7.      weights = model.get_weights()
8.      model.save_weights('./model/weights.h5')
9.      #保存网络架构
10.     config = model.to_json()
11.     with open('./model/config.json', 'w') as json:
12.         json.write(config)
```

四、计算模型损失

函数返回一个 history 对象，记录了训练过程中每个 epoch 的训练损失和评估值，以及验证集的损失和评估值。可以使用 history.history['acc']和 history.history['val_acc']调用并显示训练和验证的准确率，使用 history.history['loss']和 history.history['val_loss']调用并显示训练和验证的损失。

```
1.  #输出损失
2.  def show_loss(his):
3.      acc = his.history['acc']
4.      val_acc = his.history['val_acc']
5.      loss = his.history['loss']
6.      val_loss = his.history['val_loss']
7.      epochs = range(len(acc))
8.      fig = plt.figure(figsize=(12, 5))
9.      plt.subplot(121)
10.     plt.plot(epochs,acc,'bo',label='训练准确率')
11.     plt.plot(epochs,val_acc,'b',label='验证准确率')
12.     plt.title("训练-验证损失")
13.     plt.xlabel("训练轮次 ")
14.     plt.ylabel("准确率")
15.     plt.legend(loc='upper right')
16.     plt.legend()
17.     plt.subplot(122)
18.     plt.plot(epochs, loss, 'bo', label='训练损失')
19.     plt.plot(epochs, val_loss, 'b', label='验证损失')
```

```
20.    plt.title('训练和验证损失')
21.    plt.xlabel("训练轮次 ")
22.    plt.ylabel("损失")
23.    plt.legend(loc='upper right')
24.    plt.legend()
25.    plt.show()
26.
27.#主函数
28. if __name__ == '__main__':
29.    train_cats_dir, train_dogs_dir, validation_cats_dir, validation_dogs_dir, train_dir, validation_
dir=load_data_path("./data")
30.    train_generator, validation_generator=load_data(train_cats_dir, train_dogs_dir, validation_
cats_dir, validation_dogs_dir, train_dir, validation_dir)
31.    his,model=create_model(train_generator,validation_generator)
32.    show_loss(his)
```

代码执行后绘制准确率和损失，如图 2-16 所示。

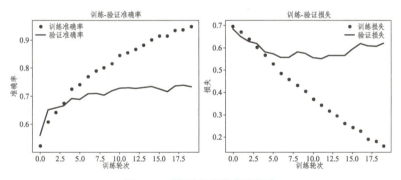

图 2-16　模型的准确率及损失

五、CNN 模型过拟合

从图 2-16 中可以看出，模型训练集的损失为 0.1851、精度为 0.9415，但是在验证集上损失为 0.5825，准确率为 0.7430。训练集与验证集的准确率相差 0.2，损失也差了 0.4。这种现象表明，模型在训练集上效果很好，验证集上效果很差，这是一种典型的过拟合现象。

产生过拟合的原因有很多，如数据太少，无法反映真实分布；数据含有噪声，模型覆盖了噪声点；过于复杂，模型训练过度。解决过拟合也有很多方法，如获取更多数据，从数据源获得更多数据或数据增强；在数据预处理时做清洗数据、减少特征维度、类别平衡；使用正则化，限制权重过大、网络层数过多，避免模型过于复杂；使用 Dropout 随机从网络中去掉一部分隐神经元。

对于猫狗识别使用 2000 张照片训练了模型，数据量偏少，导致模型出现了过拟合，所以采用数据增强方法，增加猫狗使得图片数量，消除过拟合现象，如图 2-17 所示。

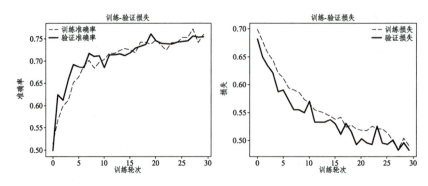

图 2-17　使用数据增强后的准确率和损失

任务 ③　使用数据增强抑制卷积神经网络的过拟合

【任务导入】

使用 CNN 网络训练的模型在训练集上效果很好，但是在测试集上效果较差，例如任务二的猫狗识别，训练集和测试的准确率相差了 20% 左右，这时模型出现了过拟合现象，也被称为"泛化能力差"。引起过拟合的原因有很多，最常见的是样本不足、训练集的样本不具备代表性，常用数据集扩充、随机失活方法(Dropout)、早停法等来解决模型遇到的过拟合问题。其中，使用图像增强器来增加数据集是解决模型过拟合的首选。

知识目标

（1）了解过拟合和泛化能力的基本概念。
（2）理解数据增强的原理和方法。
（3）了解其他防止过拟合的方法。
（4）掌握评价模型性能的方法。

能力目标

（1）能应用数据增强技术扩展训练数据。
（2）能进行实时数据增强。
（3）能调整和优化模型以减少过拟合。
（4）能完成模型的训练与评估。
（5）能识别并解决过拟合问题。

拓展能力

（1）能通过实验比较不同防止过拟合的方法。
（2）能应用模型解释性工具。

什么是图像数据增强?

数据增强是一种在深度学习特别是计算机视觉领域常用的技术,主要目的是通过各种方式对现有数据进行变换,生成新的训练样本。这样做的好处是可以增加数据的多样性,让模型学习到更多的特征和模式,从而提高模型的泛化能力和健壮性。简单来说,数据增强就像是给模型提供更多不同角度、不同状态下的"练习题",让模型在训练过程中见多识广,以后遇到各种情况都能应对自如。

常见的数据增强方法有很多。几何变换是比较基础的一种,如把图像旋转一下、平移一点、缩放大小,或者裁剪出其中的一部分,甚至把图像翻转过来。颜色调整也很常用,如改变图像的亮度,让图像看起来更亮或者更暗;调整对比度,使图像的颜色更加鲜明或者更加平淡;改变饱和度和色调,给图像换一种风格。此外,还可以给图像添加一些噪声,如高斯噪声,就像是在图像上撒了一些随机的"小颗粒",让模型学会在不完美的数据中找到有用的信息。

通过这些数据增强的方法,模型能够接触到更多样化的数据,减少对原始数据的过拟合,也就是说,模型不会只记住训练数据的样子,而是能够更好地适应新的、没见过的数据。这在数据量有限或者数据收集困难的情况下特别有用,因为我们可以用有限的数据生成更多的训练样本,让模型学得更好。

【任务知识】

一、模型的欠拟合与过拟合

机器学习和深度学习的训练过程中,经常会出现过拟合和欠拟合的现象,它们是模型在训练过程中可能遇到的两个常见问题,都会影响模型的泛化能力。

欠拟合是指模型在训练集上的性能不佳,通常表现为模型复杂度不够,无法捕捉数据的基本模式或关系。欠拟合可能发生在训练初期,随着训练的进行,模型通常会逐渐改善其在训练集上的表现。解决欠拟合的方法包括增加模型复杂度、改进特征提取方式、增加训练时间等。

过拟合是指在训练数据上表现很好,但在未见过的测试数据上表现较差的现象。这通常是因为模型过于复杂,学习了训练数据中的噪声和细节,而不是数据的潜在分布。深度学习中由于模型复杂的结构和大量的参数,尤其容易发生过拟合,例如猫狗识别模型,随着训练轮次的增加,训练集识别准确率继续增加,而验证集的准确率反而下降,这时说明模型出现了过拟合现象,如图 3-1 所示。

解决过拟合可以增加训练数据量,通过获取更多数据或使用数据增强技术来人为地扩充训练集,这有助于模型学习到更加泛化的特征。可以使用正则化手段,常用的是 Dropout,这是一种在训练过程中随机关闭某些神经元的技术,强迫网络不过分依赖任何一组特定的神经元,从而提升模型的泛化能力,或者使用权重衰减,在损失函数中加入权重惩罚项(如 L1 或 L2 正则化），以抑制过大的权重值，避免模型变得太复杂。还可以通过调整模型架构简化网络结构，减少层数或神经元数量，或者使用预训练的网络进行微调，以限制模型复杂度。

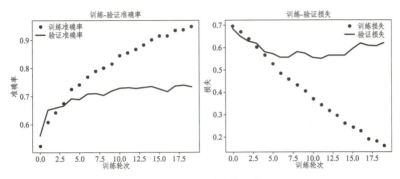

图 3-1　模型过拟合现象

二、图像的数据增强

模型出现过拟合，增加样本数量是首选的方法，但是有些数据获取比较困难，这时就可以使用数据增强的办法来解决样本量不足的问题。图像数据增强是一种在训练机器学习模型时常用的技术，特别是在深度学习中，它通过增加训练集的多样性来提高模型的泛化能力，从而避免过拟合，并提高模型在新数据上的性能。

常用的数据增强方法包括以下几种。

（1）旋转：将图像绕其中心旋转一定的角度。

（2）缩放：改变图像的大小，可以是均匀缩放或非均匀缩放。

（3）翻转：沿水平轴或垂直轴翻转图像。

（4）平移：在图像平面内移动图像。

（5）裁剪：从原始图像中随机裁剪出一部分作为新的图像。

（6）颜色变换：改变图像的颜色，如调整亮度、对比度、饱和度和色调。

（7）噪声添加：向图像中添加随机噪声，如高斯噪声、椒盐噪声等。

（8）模糊：应用各种模糊效果，如高斯模糊、运动模糊等。

（9）视角变换：改变图像的视角，如通过仿射变换或透视变换。

（10）组合增强：将以上几种方法组合使用，创造出更多样化的训练样本，例如在猫狗识别中，可以使用旋转、平移、翻转等数据增强方法处理同一张照片，生成多个新的样本，如图 3-2 所示。

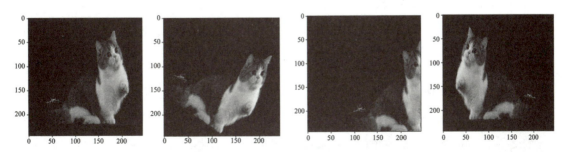

图 3-2　图像数据增强效果

三、数据增强 ImageDataGenerator 类

1. ImageDataGenerator 类

Keras 中的图像增强可以通过使用图片预处理生成器 ImageDataGenerator 类来实现。可以把它理解为一个图片生成器，每一次给模型输入一个 batch_size 大小的样本数据，同时也可以在每一个批次中对这 batch_size 个样本数据进行增强，扩充数据集大小，增强模型的泛化能力，如进行旋转、变形、归一化等，并且可以循环迭代。它提供了多种参数和方法来实现这一功能，如下所示。

```
1.  tf.keras.preprocessing.image.ImageDataGenerator(
2.      rotation_range=0,
3.      width_shift_range=0.0,
4.      height_shift_range=0.0,
5.      zoom_range=0.0,
6.      channel_shift_range=0.0,
7.      fill_mode='nearest',
8.      cval=0.0,
9.      horizontal_flip=False,
10.     vertical_flip=False,
11. )
```

可以通过设置 ImageDataGenerator 的参数选择使用哪些方式来实现数据的扩增。各参数的意义如下：

rotation_range：浮点数或整数，控制随机旋转的角度范围。

width_shift_range 和 height_shift_range：浮点数或整数，控制随机平移的宽度和高度范围。

horizontal_flip：布尔值，决定是否进行水平翻转。

vertical_flip：布尔值，决定是否进行垂直翻转。

zoom_range：浮点数或整数，控制随机缩放的范围。

fill_mode：字符串，定义填充新创建像素的方法。

channel_shift_range：浮点数或整数，控制颜色通道上随机偏移的范围。

2. ImageDataGenerator 类方法

设置完后，需要调用 ImageDataGenerator 类的方法实现数据增强，常用的方法有 fit、flow、flow_from_dataframe、flow_from_directory。

1)fit 方法

fit 方法将数据生成器用于某些样本数据。它基于一组样本数据 x,从数据 x 中获得样本的统计参数。只有 featurewise_center, featurewise_std_normalization 或者 zca_whitening 为 True 才需要。

```
1. fit(x, augment = False, rounds = 1, seed = None)
```

fit 方法各参数的意义如下：

x: 样本数据。秩应该为 4，即（batch，width，height，channel）的格式。对于灰度数据，通道轴的值应该为 1；对于 RGB 数据，值应该为 3。

augment:布尔值（默认为 False），表示是否使用随机样本扩张。

rounds:整数（默认为 1）。如果数据增强（augment = True），表明在数据上进行多少次增强。

seed: 整数（默认为 None），随机种子。

2) flow 方法

flow 方法接收图片数据集和标签,生成经过数据提升或标准化后的数据,依次取 batch_size 的图片并逐一进行变换，然后再循环。函数用法如下：

```
1.  flow(x, y=None, batch_size=32, shuffle=True,
2.      sample_weight=None, seed=None,
3.      save_to_dir=None, save_prefix=",
4.      save_format='png', subset=None)
```

flow 方法各参数的意义如下：

x：样本数据，秩应为 4。在黑白图像的情况下 channel 轴的值为 1，在彩色图像情况下值为 3，格式为(1,W,H,3)。

y：标签。

batch_size：整数（默认为 32）。

shuffle：布尔值（默认为 True），表示是否随机打乱数据。

save_to_dir：None 或字符串，该参数能将提升后的图片保存起来，用以可视化。

save_prefix：字符串，保存提升后图片时使用的前缀,仅当设置了 save_to_dir 时生效。

save_format："png"或"jpeg"（默认为"jpeg"），指定保存图片的数据格式。

yields:形如(x,y)的 tuple,x 是代表图像数据的 numpy 数组，y 是代表标签的 numpy 数组。该迭代器无限循环。

seed: 整数,随机数种子。

3)flow_from_directory()方法

flow_from_directory()方法每次从文件夹中取 batch_size 张图片进行处理,对其中每张图片进行增强操作，然后将大小变为 target_size 并保存到保存目录（save_to_dir）中。函数用法如下：

```
1.  flow_from_directory(
2.          directory,
3.          target_size=(256, 256),
4.          color_mode='rgb',
5.          classes=None,
6.          class_mode='categorical',
7.          batch_size=32,
8.          shuffle=True,
9.          seed=None,
10.         save_to_dir=None,
```

```
11.        save_prefix='',
12.        save_format='png',
13.        follow_links=False,
14.        subset=None,
15.        interpolation='nearest')
```

4) flow_from_dataframe()方法

flow_from_directory()方法从 DataFrame 中获取图像路径信息，读取图像进行增强操作。函数用法如下：

```
1.  flow_from_dataframe(
2.      dataframe=train_df,
3.          directory=None,
4.      x_col='train_image_paths',
5.      y_col='label',
6.      target_size=(244,244),
7.      class_mode='binary',
8.      batch_size=32,
9.      shuffle=False
10.  )
```

flow_from_dataframe()方法各参数的意义如下：

dataframe: Pandas.dataframe，一列为图像的文件名，另一列为图像的类别，或者可以作为原始目标数据的多个列。

directory: 字符串，目标目录的路径，其中包含在 dataframe 中映射的所有图像。

x_col：字符串，dataframe 中包含目标图像文件夹的目录的列。

y_col：字符串或字符串列表，dataframe 中将作为目标数据的列。

从指定的目录中取出图片，进行数据增强。

四、数据增强 ImageDataGenerator 的用法

1. 使用 ImageDataGenerator 生成增强图像

首先，需要构建 ImageDataGenerator，设置 featurewise_center=True，rotation_range=40，旋转角度在 0~40°，代码如下：

```
1.  def data_generator():
2.    #生成训练集
3.    train_gen = ImageDataGenerator(
4.        featurewise_center=True,
5.        rotation_range=40,
6.    )
```

然后,使用flow方法生成一个迭代器,使用next方法从迭代器中读取数据增强产生的图片,代码如下:

```
1.  def fit_image():
2.      # img_dog=img.imread("./images/dog.jpg")
3.      # img_dog=np.expand_dims(img_dog,axis=0)
4.      img_dog =load_img("./images/dog.jpg")
5.      img_dog=img_to_array(img_dog)
6.      img_dog = np.expand_dims(img_dog, axis=0)
7.      train_gen=data_generator()
8.      #显示增项后的效果
9.      fig, axes = plt.subplots(3, 3, figsize=(8, 5))
10.     axes = axes.ravel()
11.     train_iter=train_gen.flow(img_dog, batch_size=1, save_to_dir=None, save_format='jpg')
12.     for i in range(9):
13.         x_img=np.squeeze(train_iter.next())
14.         x_img = array_to_img(x_img)
15.         axes[i].imshow(x_img)
16.     fig.tight_layout()
17.     plt.show()
```

运行代码,按照设置的随机旋转角度不大于40°的效果生成9张图片,并显示生成的图片,如图3-3所示。

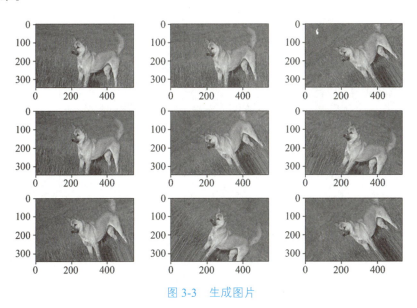

图3-3 生成图片

2. 使用 ImageDataGenerator 生成增强图像并训练模型

首先,定义训练接数据增强器,设置数据增强的 5 种方式,并对数据进行归一化处理,使用 flow_from_dataframe 方法从 DataFrame 中读取图片的路径，代码如下：

```
1.  def data_generator(train_df,test_df):
2.      #生成训练集
3.      train_gen = ImageDataGenerator(
4.          zoom_range=0.1,
5.          rotation_range=10,
6.          rescale=1. / 255,
7.          shear_range=0.1,
8.          horizontal_flip=True,
9.          width_shift_range=0.1,
10.         height_shift_range=0.1
11.     )
12.     train_generator =train_gen.flow_from_dataframe(
13.         dataframe=train_df,
14.         x_col='train_image_paths',
15.         y_col='label',
16.         target_size=(244,244),
17.         class_mode='binary',
18.         batch_size=32,
19.         shuffle=False
20.     )
```

然后，定义测试集数据增强器，使用 flow_from_dataframe 方法从 DataFrame 中读取图片的路径，代码如下：

```
1.  test_gen=ImageDataGenerator(
2.      rescale=1./255
3.  )
4.  test_generator = test_gen.flow_from_dataframe(
5.      dataframe=test_df,
6.      x_col='test_image_paths',
7.      y_col='label',
8.      target_size=(244, 244),
9.      class_mode='binary',
10.     batch_size=32,
11.     shuffle=False
12. )
```

使用 keras 搭建完模型后,使用模型的 fit 方法,得到的训练集数据增强迭代器 train_generator 作为输入训练模型，代码如下：

```
1.  his = model.fit(
2.      train_generator,
3.      batch_size=128,
4.      epochs=10,
5.      validation_data=train_generator,
6.      validation_steps=50,
7.      verbose=2,
8.      callbacks=[cp_callback]
9.  )
```

【工作任务】

使用数据增强完成猫狗分类

一、任务概况

　　任务总体分为两个阶段，第一阶段读取猫狗的数据集，建立数据增强器，搭建 CNN 网络，使用数据集训练模型，保存模型；第二阶段从测试集中随机读取 9 张图片，加载模型，输出预测结果。系统流程图如图 3-4 所示。

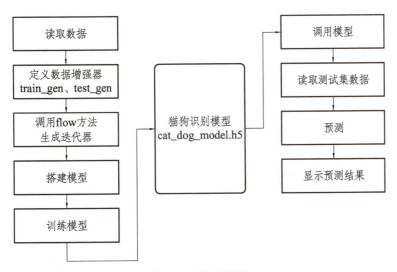

图 3-4　系统流程图

二、读取猫狗的数据生成 DataFrame 对象

1. 获取数据集的文件名

项目数据集包含训练集、验证集、测试集三个部分，分别存放在 train、validation、test 文

件夹中。定义方法 get_dataFrame，传入文件夹的路径，使用 listdir 函数获取文件夹下的所有图片文件名，再使用 join 函数将文件名和文件夹名组合得到图片文件的路径，代码如下：

```
1.  def get_dataFrame(train_dogs_dir,train_cats_dir,validation_cats_dir,validation_dogs_dir):
2.      #获训练集测试集的文件名称
3.      train_dog_name = os.listdir(train_dogs_dir)
4.      train_cat_name = os.listdir(train_cats_dir)
5.      vali_dog_name = os.listdir(validation_dogs_dir)
6.      vali_cat_name = os.listdir(validation_cats_dir)
7.      train_image_paths=[]
8.      train_labels=[]
9.      test_image_paths = []
10.     test_labels = []
11.     #生成训练集的文件名和标签
12.     for train_file in train_cat_name:
13.         train_labels.append("cat")
14.         image_path=os.path.join(train_cats_dir,train_file)
15.         train_image_paths.append(image_path)
16.
17.     for train_file in train_dog_name:
18.         train_labels.append("dog")
19.         image_path = os.path.join(train_dogs_dir, train_file)
20.         train_image_paths.append(image_path)
21.
22.     #生成测试集合的文件名和标签
23.     for test_file in vali_cat_name:
24.         test_labels.append("cat")
25.         image_path = os.path.join(validation_cats_dir, test_file)
26.         test_image_paths.append(image_path)
27.
28.     for train_file in vali_dog_name:
29.         test_labels.append("dog")
30.         image_path = os.path.join(validation_dogs_dir, train_file)
31.         test_image_paths.append(image_path)
```

2. 生成 Dataframe 对象

上面的代码执行后，生成 train_image_paths 列表、train_labels 列表，分别用于存放训练集图片的路径和对应的标签，同样返回 test_image_paths 列表和 test_labels 列表，用于存放验证集的图片路径和对应的标签。

接下来，定义两个 Dataframe，train_df 和 test_df，分别将列表的数据导入 Dataframe 中，使用 sample(frac=1)函数将数据随机打乱，最后返回存放训练集和测试集的 Dataframe 对象，代码如下：

```
1.  #生成 dataframe
2.  train_df=pd.DataFrame()
3.  train_df["train_image_paths"]=train_image_paths
4.  train_df["label"]=train_labels
5.  test_df=pd.DataFrame()
6.  test_df["test_image_paths"]=test_image_paths
7.  test_df["label"]=test_labels
8.  #使用 sample(frac=1)函数将数据随机打乱。frac=1 表示取样的比例是 1，
9.  train_df=train_df.sample(frac=1).reset_index(drop=True)
10. test_df = test_df.sample(frac=1).reset_index(drop=True)
11. return train_df,test_df
```

三、使用数据增强器训练模型

1. 建立数据增强器

定义训练集数据增强器 train_gen，将数据做归一化处理，同时设置图像旋转等增强方式，使用 flow_from_dataframe 方法生成数据增强迭代器 train_generator，代码如下：

```
1.  def data_generator(train_df,test_df):
2.    #生成训练集
3.    train_gen = ImageDataGenerator(
4.      zoom_range=0.1,
5.      rotation_range=10,
6.      rescale=1. / 255,
7.      shear_range=0.1,
8.      horizontal_flip=True,
9.      width_shift_range=0.1,
10.     height_shift_range=0.1
11.   )
12.   train_generator =train_gen.flow_from_dataframe(
13.     dataframe=train_df,
14.     x_col='train_image_paths',
15.     y_col='label',
16.     target_size=(244,244),
17.     class_mode='binary',
```

```
18.        batch_size=32,
19.        shuffle=False
20.    )
```

建立验证集数据增强器 test_gen，这时只对数据做归一化处理，然后调用 flow_from_dataframe 生成，验证集数据增强迭代器 test_generator，代码如下：

```
1.  test_gen=ImageDataGenerator(
2.      rescale=1./255
3.  )
4.  test_generator = test_gen.flow_from_dataframe(
5.      dataframe=test_df,
6.      x_col='test_image_paths',
7.      y_col='label',
8.      target_size=(244, 244),
9.      class_mode='binary',
10.     batch_size=32,
11.     shuffle=False
12. )
```

2. 建立模型并训练

使用 CNN 建立模型，并设置 checkpoint 保存模型训练的中间结果，这样下次训练时可以读取上次的结果继续训练。模型训练时将 train_generator、test_generator 作为数据源，使用 fit 方法训练模型，代码如下：

```
1.  #建立模型
2.  def create_model(train_generator, test_generator):
3.      model=Sequential()
4.      #第 1 层卷积
5.      model.add(Conv2D(32,(3,3),activation='relu',input_shape=(244,244,3)))
6.      model.add(MaxPool2D(2,2))
7.      # 第 2 层卷积
8.      model.add(Conv2D(64,(3,3),activation='relu'))
9.      model.add(MaxPool2D(2,2))
10.     # 第 3 层卷积
11.     model.add(Conv2D(128, (3, 3), activation='relu'))
12.     model.add(MaxPool2D(2, 2))
13.     #全连接层
14.     model.add(Flatten())
15.     model.add(Dense(512,activation='relu'))
```

```
16.    #输出
17.    model.add(Dense(1, activation='sigmoid'))
18.    model.summary()
19.    model.compile(loss='binary_crossentropy', optimizer=Adam(lr=1e-4), metrics=['acc'])
20.    print(backend.backend)
21.    print("Using CPU" if backend.backend() == 'tensorflow' else "Using GPU")
22.    #一旦改变模型就要删掉模型文件
23.    checkpoint_save_path = "../checkpoint/mnist.ckpt"
24.    if os.path.exists(checkpoint_save_path + '.index'): # index:
25.        print('------------------------load the model---------------------------')
26.        model.load_weights(checkpoint_save_path) #加载模型
27.
28.    cp_callback = callbacks.ModelCheckpoint( #保存模型 cp_callback
29.        filepath=checkpoint_save_path,
30.        save_weights_only=True, # 只保存 weight
31.        save_best_only=True # 只保存最好的一次
32.    )
33.    #利用批量拟合器拟合模型
34.    his = model.fit(
35.        train_generator,
36.        batch_size=32,
37.        epochs=40,
38.        validation_data=train_generator,
39.        validation_steps=50,
40.        verbose=2,
41.        callbacks=[cp_callback]
42.    )
43.    return his, model
```

3. 保存模型

保存模型训练过程中的权重、网络结构，方便后续调用，代码如下：

```
1.  #保存模型
2.  def save_model(model):
3.      #输出网络架构
4.      model.summary()
5.      #保存权重参数与网络模型
6.      model.save('../model/cat_dog_model.h5')
7.      #保存权重参数
```

```
8.      weights = model.get_weights()
9.      model.save_weights('../model/weights.txt')
10.     #保存网络架构
11.     config = model.to_json()
12.     with open('../model/config.json', 'w') as json:
13.         json.write(config)
```

4．模型训练结果的分析

模型经过 30 个 epochs 的训练，在训练集和测试集的 acc 分别达到了 88.9%和 90%，如图 3-5 所示。

```
Epoch 20/30
624/624 - 271s - loss: 0.3118 - acc: 0.8649 - val_loss: 0.3137 - val_acc: 0.8606 - 271s/epoch - 434ms/step
Epoch 21/30
624/624 - 263s - loss: 0.3071 - acc: 0.8676 - val_loss: 0.2854 - val_acc: 0.8712 - 263s/epoch - 421ms/step
Epoch 22/30
624/624 - 285s - loss: 0.3011 - acc: 0.8700 - val_loss: 0.3005 - val_acc: 0.8662 - 285s/epoch - 456ms/step
Epoch 23/30
624/624 - 269s - loss: 0.2950 - acc: 0.8739 - val_loss: 0.2783 - val_acc: 0.8844 - 269s/epoch - 431ms/step
Epoch 24/30
624/624 - 296s - loss: 0.2926 - acc: 0.8736 - val_loss: 0.2882 - val_acc: 0.8744 - 296s/epoch - 474ms/step
Epoch 25/30
624/624 - 265s - loss: 0.2902 - acc: 0.8750 - val_loss: 0.2945 - val_acc: 0.8712 - 265s/epoch - 424ms/step
Epoch 26/30
624/624 - 255s - loss: 0.2868 - acc: 0.8757 - val_loss: 0.2614 - val_acc: 0.8875 - 255s/epoch - 408ms/step
Epoch 27/30
624/624 - 300s - loss: 0.2770 - acc: 0.8822 - val_loss: 0.2511 - val_acc: 0.9031 - 300s/epoch - 481ms/step
Epoch 28/30
624/624 - 277s - loss: 0.2707 - acc: 0.8845 - val_loss: 0.2696 - val_acc: 0.8856 - 277s/epoch - 444ms/step
Epoch 29/30
624/624 - 253s - loss: 0.2709 - acc: 0.8848 - val_loss: 0.2484 - val_acc: 0.8938 - 253s/epoch - 406ms/step
Epoch 30/30
624/624 - 263s - loss: 0.2635 - acc: 0.8878 - val_loss: 0.2438 - val_acc: 0.9000 - 263s/epoch - 422ms/step
```

图 3-5　模型训练过程

在训练过程中保存模型的准确率（acc）和损失（loss），并绘制了图像，可以看出使用数据增强训练模型，出现了过拟合的现象，如图 3-6 所示。

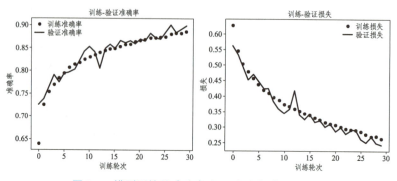

图 3-6　模型训练的准确率（acc）和损失（loss）

四、调用模型并测试

1. 读取测试集数据

从测试集中读取数据，使用 flow_from_dataframe 生成数据迭代器，代码如下：

```
1.  def predict(model_path,test_path):
2.      #获取 test 文件夹下图片的文件名
3.      test_images = os.listdir(test_path)
4.      #随机读取 9 张照片
5.      images = [os.path.join(test_path, filename) for filename in sample(test_images,9)]
6.      test_df = pd.DataFrame()
7.      test_df["test_image_paths"] = images
8.      test_gen = ImageDataGenerator(
9.          rescale=1. / 255
10.     )
11.     test_generator = test_gen.flow_from_dataframe(
12.         dataframe=test_df,
13.         x_col='test_image_paths',
14.         y_col=None,
15.         target_size=(244, 244),
16.         class_mode=None,
17.         batch_size=32,
18.         shuffle=False
19.     )
```

2. 测试模型

从测试集中读取数据，随机挑选 9 张照片，调用模型识别，并将结果显示，代码如下：

```
1.      label=np.array(['猫','狗'])
2.      model=load_model(model_path)
3.      predictions=model.predict(test_generator)
4.      predictions = np.round(predictions.flatten()).astype(int)
5.      print(predictions)
6.      class_names=[label[i] for i in predictions]
7.      show_image(images,class_names)
8.
9.
10. #显示数据
11. def show_image(images,class_names):
12.     plt.figure(figsize=(10, 10))
```

```
13.     for i in range(9):
14.         plt.subplot(3, 3, i + 1)
15.         plt.xticks([])
16.         plt.yticks([])
17.         plt.imshow(img.imread(images[i]), cmap=plt.cm.binary)
18.         plt.xlabel(class_names[i])
19.     plt.show()
20.
21. if __name__ == '__main__':
22.     test_path="../data1/test"
23.     model_path="../model/cat_dog_model.h5"
24.     predict(model_path,test_path)
```

代码运行后，输出 9 张照片，并显示识别的结果，如图 3-7 所示。

图 3-7　调用模型识别猫狗

任务 四　使用深度卷积神经网络完成图片分类

【任务导入】

前面介绍了卷积神经网络，在此基础上出现了很多经典的现代深度卷积神经网络，如 VGG、GoogLeNet、ResNet、SSD、YOLO 等。虽然深度神经网络的概念非常简单，但是将神经网络堆叠在一起，由于不同的网络架构和超参数选择，这些神经网络的性能会发生很大变化。本任务将使用经典网络 ResNet101 完成对 ImageNet 图片的分类。

知识目标

（1）了解深度神经网络的基本原理。
（2）了解 VGG、ResNet 网络的结构。
（3）掌握残差结构的基本管理。
（4）掌握残差网络的基本架构。
（5）掌握使用模型预训练模型的基本原理。

能力目标

（1）能调用 VGG、ResNet 等深度神经网络模型。
（2）能使用残差模块构建残差网络。
（3）能使用预训练模型训练深度残差网络。

拓展能力

（1）能根据具体的要求搭建 VGG、ResNet 网络模型。
（2）理解混合精度训练、动态分配 GPU 内存训练的方法。

【任务导学】

什么是现代卷积神经网络？

2012 年，AlexNet 以很大的优势赢得了 ImageNet 图像识别挑战赛，它首次证明了学习到的特征可以超越手工设计的特征，并一举打破了计算机视觉研究的现状。AlexNet 使用了 8 层卷积神经网络，模型将特征提取分为三个部分，最底层的提取图像颜色、纹理等基本特征，中层的提取类似眼睛、鼻子、草叶等信息，更高层的可以检测整个物体。

2014 年，VGG 网络诞生，与 AlexNet 相比，采用更小的卷积核，网络的层数达到 19 层，同时使用可复用的卷积块构造网络，导致网络定义非常简洁。

随着 AlexNet、VGG 等网络的发展，网络模型层数越来越深，理论上模型层数越多效果越好，但是在实际应用中，随着层数的增加，会产生梯度弥散和模型退化的问题，这时诞生了深度残差网络 ResNet，使用这种网络可以训练出 1 202 层的超深层次网络。

【任务知识】

一、VGG 模型结构

1. VGG 模型简介

VGG 模型是经典的卷积神经网络，在 ILSVRC-2014 挑战赛 ImageNet 分类任务中获得亚军，它的最大意义在于将神经网络的层数推向更深，常用的 VGG 网络包含 VGG11、VGG13、VGG16、VGG19 等系列网络。

2. VGG 块结构

VGG 网络可以分为两个部分，第一部分主要由卷积层和汇聚层组成，用于进行特征提取；第二部分由全连接层组成，用于进行分类识别。与此同时，出现了 VGG 块的概念，每个块由 1 个或者多个 3×3 卷积层(填充为 1)和 2×2 的池化层(步幅为 2)组成，这样可以快速地使用块构建深层次的网络。VGG 块结构如图 4-1 所示。

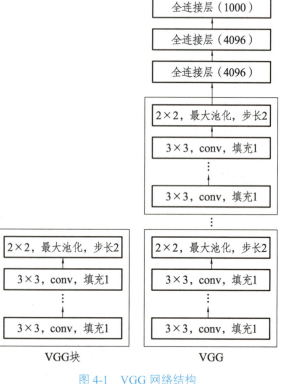

图 4-1　VGG 网络结构

二、VGG 模型的实现

1. VGG 系列模型

常用的 VGG 模型有 VGG11、VGG16、VGG19 三种，其中 11、16、19 表示神经网络的层次，在 *Very Deep Convolutional Networks for Large-Scale Image Recognition* 论文中，详细描述了 VGG 系列模型的结构。VGG 系列包含 A、A-LRN、B、C、D、E 6 组。其中，A、A-LRN 有 11 层，属于 VGG11；B 有 13 层，属于 VGG13；C 和 D 有 16 层，属于 VGG16；E 有 19 层，属于 VGG19，如图 4-2 所示。

ConvNet Configuration					
A	A-LRN	B	C	D	E
11 weight layers	11 weight layers	13 weight layers	16 weight layers	16 weight layers	19 weight layers
input (224 × 224 RGB image)					
conv3-64	conv3-64	conv3-64	conv3-64	conv3-64	conv3-64
	LRN	**conv3-64**	conv3-64	conv3-64	conv3-64
maxpool					
conv3-128	conv3-128	conv3-128	conv3-128	conv3-128	conv3-128
		conv3-128	conv3-128	conv3-128	conv3-128
maxpool					
conv3-256	conv3-256	conv3-256	conv3-256	conv3-256	conv3-256
conv3-256	conv3-256	conv3-256	conv3-256	conv3-256	conv3-256
			conv1-256	**conv3-256**	conv3-256
					conv3-256
maxpool					
conv3-512	conv3-512	conv3-512	conv3-512	conv3-512	conv3-512
conv3-512	conv3-512	conv3-512	conv3-512	conv3-512	conv3-512
			conv1-512	**conv3-512**	conv3-512
					conv3-512
maxpool					
conv3-512	conv3-512	conv3-512	conv3-512	conv3-512	conv3-512
conv3-512	conv3-512	conv3-512	conv3-512	conv3-512	conv3-512
			conv1-512	**conv3-512**	conv3-512
					conv3-512
maxpool					
FC-4096					
FC-4096					
FC-1000					
soft-max					

图 4-2　VGG 模型架构

VGG 系列模型都有 5 个卷积块和 3 个全连接层，最后使用 softmax 进行分类。每个卷积块包含多个卷积层和一个最大池化层，卷积层使用 3×3 的卷积核和步长为 1，最大池化层使用 2×2 的池化窗口和步长为 2。与 AlexNet 相比，VGG 采用了更小的卷积核和步长，增加了模型的深度，使得网络能够学习到更复杂的特征。

2. VGG 模型块的实现

VGG 模型的卷积块主要使用 3×3 的卷积核，步长为 1。1×1 的卷积核在 VGG 模型中并不常见，更多是在其他网络（如 GoogleNet）中使用。不同配置的 VGG 模型（如 VGG11、VGG13、VGG16、VGG19）中，每个卷积块的层数不同。定义 VGG 块代码：

```
1.  def vgg_block(self,num_convs,num_channels,k_size):
2.      blk=Sequential()
```

```
3.     for i in range(num_convs):
4.        blk.add(layers.Conv2D(num_channels, kernel_size=k_size[i],
5.                      activation='relu', padding="SAME"))
6.        blk.add(layers.MaxPooling2D(pool_size=2, strides=2))
7.     return blk
```

代码中设置了三个参数，第一参数 num_convs 表示卷积层的数量，第二个参数表示卷积核的数量，第三个参数表示卷积核的大小，使用循环结构可以构建多个卷积层，最后加入池化层。例如要建立一个包含两个卷积层(64 个卷积核，kernel_size = 3 × 3)的块结构需要传入参数(2, 64,(3,3))。如果需要建立一个包含三卷积层(第 1、2 层：256 个卷积核，kernel_size = 3 × 3；第 3 层：256 个卷积核，kernel_size = 1 × 1)，这时需要传入(3,256,(3,3,1))。

3. VGG 模型的实现

定义了块结构，然后在块结构后加上全连接层和 softmax 层，就可以完成模型的结构搭建，代码如下：

```
1.  def vgg(self,conv_arch):
2.     net=Sequential()
3.     # 卷积层部分
4.     for (num_convs, num_channels,k_size) in conv_arch:
5.        net.add(self.vgg_block(num_convs, num_channels,k_size))
6.     # 全连接层部分
7.     net.add(Sequential([
8.        layers.Flatten(),
9.        layers.Dense(4096, activation='relu'),
10.       layers.Dropout(0.5),
11.       layers.Dense(4096, activation='relu'),
12.       layers.Dropout(0.5),
13.       layers.Dense(1000)]))
14.    return net
```

这时可以根据需要建立 VGG11、VGG16、VGG19 模型，代码如下：

```
1.  #VGG11 模型
2.  def create_VGG11_model():
3.     #层数，卷积和数量，对应的步长(),
4.     #例如(2, 256,(3,3))，2 个卷积，第 1 个 kernel 3*3，第 2 个 kernel，3*3
5.     conv_arch = ((1, 64,(3,)), (1, 128,(3,)), (2, 256,(3,3)), (2, 512,(3,3)), (2, 512,(3,3)))
6.     model=VggModel()
7.     net=model.vgg(conv_arch)
8.     return net
9.  #VGG16 模型
```

```
10. def create_VGG16_model():
11.    conv_arch = ((2, 64,(3,3)), (2, 128,(3,3)), (3, 256,(3,3,1)), (3, 512,(3,3,1)), (3, 512,(3,3,1)))
12.    model=VggModel()
13.    net=model.vgg(conv_arch)
14.    return net
15. #VGG19 模型
16. def create_VGG19_model():
17.    conv_arch = ((2, 64,(3,3)), (2, 128,(3,3)), (4, 256,(3,3,3,3)), (4, 512,(3,3,3,3)), (4, 512,(3,3,3,3)))
18.    model=VggModel()
19.    net=model.vgg(conv_arch)
20.    return net
```

随后可以在 train 文件中调用类文件中的创建模型方法,测试模型是否搭建成功,代码如下:

```
1.  from VGG import *
2.  import tensorflow as tf
3.
4.  def creat_model():
5.     X = tf.random.uniform((1, 224, 224, 1))
6.     net=create_VGG19_model()
7.     for blk in net.layers:
8.        X = blk(X)
9.        print(blk.__class__.__name__, 'output shape:\t', X.shape)
10.
11. if __name__ == '__main__':
12.    creat_model()
```

模型输入 $224 \times 224 \times 3$,经过 5 个 VGG 块,在每个块的高度和宽度减半,最终高度和宽度都为 7,最后再展平表示,送入全连接层处理,代码运行后输出如图 4-3 所示。

```
Sequential output shape:        (1,112,112,64)
2024-05-21 17:00:14.264128: W tensorflow/core/c
2024-05-21 17:00:14.264293: W tensorflow/core/c
Sequential output shape:        (1,56,56,128)
2024-05-21 17:00:14.528433: W tensorflow/core/c
2024-05-21 17:00:14.528600: W tensorflow/core/c
Sequential output shape:        (1,28,28,256)
2024-05-21 17:00:14.791217: W tensorflow/core/c
2024-05-21 17:00:14.791384: W tensorflow/core/c
Sequential output shape:        (1,14,14,512)
Sequential output shape:        (1,7,7,512)
Sequential output shape:        (1,1000)
```

图 4-3　VGG 模型输出

三、ResNet 残差块

1. 深层神经网络存在的问题

VGG 等模型的出现使得神经网络模型的深度达到了 20 层，模型训练时反向传播过程中梯度会逐层传递，但是如果网络非常深，梯度可能会在传递过程中逐渐消失（梯度消失）或快速增长（梯度爆炸）。梯度消失会导致网络的权重更新非常缓慢，难以有效训练；梯度爆炸则会导致权重更新幅度过大，使得训练过程不稳定。

同时，当网络变得非常深时，模型的训练误差反而会变得更高。理论上，更深的网络应该具有更强的表达能力，但在实践中，随着层数的增加，训练误差会先减少后增加，这种现象就是网络退化现象，深度网络的退化问题在很大程度上限制了深度学习模型的性能提升。

2. 残差的概念

在传统的深度神经网络中，网络需要直接学习输入 x 到输出 y 的复杂映射 $H(x)$。这种直接学习的过程在深层网络中容易导致梯度消失或梯度爆炸问题，影响训练效果。

ResNet 通过引入残差块，将原始的映射 $H(x)$ 转换为残差映射 $F(x) = H(x)-x$。这样网络只需学习输入和输出之间的残差 $F(x)$，而不是复杂的直接映射。如果最优的映射是恒等映射（即 $H(x) = x$），那么网络只需学习 $F(x) = 0$，这大大简化了学习任务。

如图 4-4 所示，图（a）虚线框中的部分需要直接拟合出该映射 $H(x)$，而图（b）虚线框中的部分则需要拟合出残差映射 $F(x) = H(x)-x$。残差映射在现实中往往更容易优化。恒等映射是希望得出的理想映射 $H(x)$，只需将图（b）虚线框内上方的加权运算（如仿射）的权重和偏置参数设成 0，那么 $H(x)$ 即为恒等映射。实际中，当理想映射 $H(x)$ 极接近于恒等映射时，残差映射也易于捕捉恒等映射的细微波动。图（b）是 ResNet 的基础架构——残差块(residual block)。在残差块中，输入可通过跨层数据线路更快地向前传播。

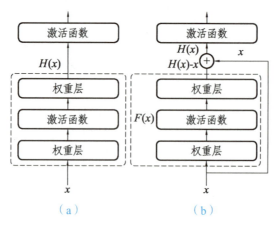

图 4-4　残差块

四、ResNet 模型结构

1. 捷径连接(Shortcut Connections)

捷径连接也称为跳跃连接（Skip Connections），它直接将输入传递到输出，与通过卷积层得到的残差相加。模型的主路输出为残差函数 $F(x)$，模型的支路是捷径连接，X 表示恒等映射，就是直接将输入的特征矩阵 X 跳过残差层，传递到输出。将主路和支路相加得到 $H(x) = F(x) + x$。最后经过 ReLU 激活函数，得到残差块的输出 $y = ReLu(F(W_i, x) + x)$，其中 W_i 表示主路卷积层的参数。因为支路是恒等映射，所以不增加参数，同时在模型训练的反向传播中，需要更新的是 $F(x)$ 的参数，也就残差的参数。

2. 瓶颈残差块（Bottleneck Residual Block）

瓶颈残差块是 ResNet 中一种更复杂、更有效的残差块设计，专门用于非常深的网络，如 ResNet-50、ResNet-101 和 ResNet-152。其主要目的是通过引入 1×1 卷积层来减少计算复杂度，同时保持模型的表达能力。

瓶颈残差块基本结构包括三个卷积层，分别是 1×1 卷积层（用于降维）、3×3 卷积层（用于特征提取）和 1×1 卷积层（用于升维）。图 4-5 是瓶颈残差块的详细结构，假如输入 X 的形状为 56×56×256，经过第 1 个[1×1,64]的卷积层运算后，输出的形状为 56×56×64。再使用第 2 个[3×3,64]的卷积层运算后，输出的形状为 56×56×64。这时按照残差块的运算需要和 X 进行相加，但是 X 的形状为 56×56×256，所以这时使用第 3 个[1×1,256]的卷积层对第 2 层卷积结果进行上采样，输出形状为 56×56×256。在整个过程中，矩阵的大小为 56×56保持不变，但是通道数变化过程为 256→64→64→256,呈现出一种中间大两头小的形状，像一个瓶子颈部一样，所以起名为瓶颈残差块，它的实际作用就是提取特征，并对数据进行上下采样。

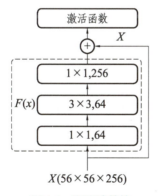

图 4-5　瓶颈残差块

3. 下采样残差模块

ResNet 中的残差模块有 2 种，第 1 种是图 4-6（a）的残差模块，使用了两个步长为 1 的卷积核，特征的输出和支路的输出形状相同，可以直接进行相加运算。

第 2 种是图 4-6（b）的带下采样的残差块，输入 X 为[56,56,64]经过步长为 1 和 2 的卷积核运算，输出特征为[56,56,128]，这是为了和支路的输出进行相加运算，必须要在支路中增加一个步长为 2 卷积核大小为(1×1×128)的卷积层，经过这个卷积层运算，支路的输出形状为[56,56,128]，这时支路输出就可以和特征的输出进行相加运算了。两种残差模块的支路分别用实线和虚线表示，如图 4-6 所示。

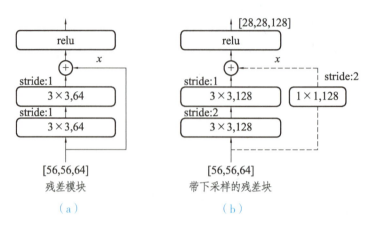

图 4-6　下采样残差模块

五、ResNet101 模型结构实现

1. ResNet 模型结构

ResNet 网络模型（见图 4-7）包括 ResNet18、ResNet34、ResNet50、ResNet101 和 ResNet152，这些模型可以分为浅层网络和深层网络两大类，其中 ResNet18 和 ResNet34 属于前者，而 ResNet50、ResNet101 和 ResNet152 则属于后者。

layer name	output size	18-layer	34-layer	50-layer	101-layer	152-layer
conv1	112×112	7×7,64,stride 2				
conv2_x	56×56	3×3 max pool,stride 2				
conv2_x	56×56	$\begin{bmatrix}3\times3,64\\3\times3,64\end{bmatrix}\times2$	$\begin{bmatrix}3\times3,64\\3\times3,64\end{bmatrix}\times3$	$\begin{bmatrix}1\times1,64\\3\times3,64\\1\times1,256\end{bmatrix}\times3$	$\begin{bmatrix}1\times1,64\\3\times3,64\\1\times1,256\end{bmatrix}\times3$	$\begin{bmatrix}1\times1,64\\3\times3,64\\1\times1,256\end{bmatrix}\times3$
conv3_x	28×28	$\begin{bmatrix}3\times3,128\\3\times3,128\end{bmatrix}\times2$	$\begin{bmatrix}3\times3,128\\3\times3,128\end{bmatrix}\times4$	$\begin{bmatrix}1\times1,128\\3\times3,128\\1\times1,512\end{bmatrix}\times4$	$\begin{bmatrix}1\times1,128\\3\times3,128\\1\times1,512\end{bmatrix}\times4$	$\begin{bmatrix}1\times1,128\\3\times3,128\\1\times1,512\end{bmatrix}\times8$
conv4_x	14×14	$\begin{bmatrix}3\times3,256\\3\times3,256\end{bmatrix}\times2$	$\begin{bmatrix}3\times3,256\\3\times3,256\end{bmatrix}\times6$	$\begin{bmatrix}1\times1,256\\3\times3,256\\1\times1,1024\end{bmatrix}\times6$	$\begin{bmatrix}1\times1,256\\3\times3,256\\1\times1,1024\end{bmatrix}\times23$	$\begin{bmatrix}1\times1,256\\3\times3,256\\1\times1,1024\end{bmatrix}\times36$
conv5_x	7×7	$\begin{bmatrix}3\times3,512\\3\times3,512\end{bmatrix}\times2$	$\begin{bmatrix}3\times3,512\\3\times3,512\end{bmatrix}\times3$	$\begin{bmatrix}1\times1,512\\3\times3,512\\1\times1,2048\end{bmatrix}\times3$	$\begin{bmatrix}1\times1,512\\3\times3,512\\1\times1,2048\end{bmatrix}\times3$	$\begin{bmatrix}1\times1,512\\3\times3,512\\1\times1,2048\end{bmatrix}\times3$
	1×1	average pool,1000-d fc,sofmax				
FLOPs		1.8×10^9	3.6×10^9	3.8×10^9	7.6×10^9	11.3×10^9

图 4-7　ResNet 模型结构

ResNet 的网络结构主要包括：conv1，输入层的卷积；conv2_x、conv3_x、conv4_x 和 conv5_x，这些部分分别对应于 ResNet 中的不同层级，其中数字表示该层级的重复次数或 block 数量；fc（全连接层），用于分类的最后一层。

以 ResNet101 为例，其结构包含 7x7x64 的初始卷积层，随后是 3 个 building blocks（每个 block 包含 3 层卷积）在 conv2_x，4 个 blocks 在 conv3_x，23 个 blocks 在 conv4_x，以及最后的 3 个 blocks 在 conv5_x。加上初始的卷积层和最后的全连接层，总共是 101 层。这里的层数计算不包括激活层或 Pooling 层。

2. ResNet101 模型残差结构

ResNet101 残差结构由 2 个 1×1 的卷积层和 1 个 3×3 的卷积层组成，一种是输入直接和残差块的输出进行相加运算，如图 4-8（a）所示，另外一种输入需要使用 1×1 的卷积层进行提升维度的操作后再和输出进行相加，如图 4-8（b）所示。

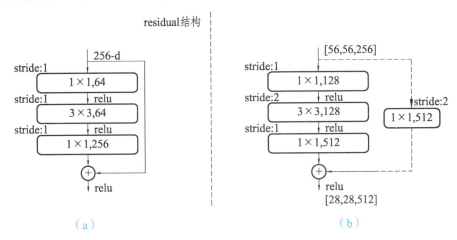

图 4-8　ResNet101 的残差结构

通常定义一个 Bottleneck(Layer)类，在__init__方法中初始化基本结构，然后定义 call 方法实现基本的块结构，代码如下：

```
1.  class Bottleneck(Layer):
2.    def __init__(self, filters, strides=(1, 1), **kwargs):
3.        super(Bottleneck, self).__init__(**kwargs)
4.        filter1, filter2, filter3 = filters
5.        self.conv1 = Conv2D(filter1, (1, 1), strides=strides)
6.        self.bn1 = BatchNormalization()
7.        self.conv2 = Conv2D(filter2, (3, 3), padding='same')
8.        self.bn2 = BatchNormalization()
9.        self.conv3 = Conv2D(filter3, (1, 1))
10.       self.bn3 = BatchNormalization()
11.       self.shortcut_conv = Conv2D(filter3, (1, 1), strides=strides)
12.       self.shortcut_bn = BatchNormalization()
13.
14.   def call(self, inputs, training=False):
15.       x = self.conv1(inputs)
16.       x = self.bn1(x, training=training)
17.       x = Activation('relu')(x)
18.
19.       x = self.conv2(x)
```

```
20.        x = self.bn2(x, training=training)
21.        x = Activation('relu')(x)
22.
23.        x = self.conv3(x)
24.        x = self.bn3(x, training=training)
25.
26.        shortcut = self.shortcut_conv(inputs)
27.        shortcut = self.shortcut_bn(shortcut, training=training)
28.
29.        x = Add()([x, shortcut])
30.        x = Activation('relu')(x)
31.    return x
```

3. 搭建网络

ResNet101 网络输入层大小为 input_shape = (224,224,3)，第一层 7×7 卷积层，64 个卷积核，步长为 2，padding 为 3，使用批量归一化函数 Batch Normalization，激活函数为 ReLU。第二层 3×3 最大池化层，步长为 2。经过卷积输出为 112×112×64，再经过池化输出为 56×56×64，代码如下：

```
1.  x = Conv2D(64, (7, 7), strides=(2, 2), padding='same')(input)
2.  x = BatchNormalization()(x)
3.  x = Activation('relu')(x)
4.  x = tf.keras.layers.MaxPooling2D((3, 3), strides=(2, 2), padding='same')(x)
```

con2_x 层，共有 3 个 Bottleneck Residual Block，每个包含 3 个卷积层和 1 个 Shortcut Connection。

Bottleneck Residual Block1 结构如下：

卷积层 1: 1×1, 64 filters, stride 1。

卷积层 2: 3×3, 64 filters, stride 1, padding 1。

卷积层 3: 1×1, 25 filters, stride 1。

Shortcut Connection: 1×1, 256 filters, stride 1。

Bottleneck Residual Block 2 和 3：与第一个块相同，但没有 shortcut connection 的 1×1 卷积。输入为 56×56×64，输出为 56×56×256，代码如下：

```
1.  #con2_x 层
2.  x = Bottleneck([64, 64, 256], strides=(1, 1))(x)
3.  x = Bottleneck([64, 64, 256])(x)
4.  x = Bottleneck([64, 64, 256])(x)
```

Con3_x 层,共有 4 个 Bottleneck Residual Block，每个包含 3 个卷积层和 1 个 Shortcut Connection。

Bottleneck Residual Block 1 结构如下：

卷积层 1: 1 × 1, 128 filters, stride 2。

卷积层 2: 3 × 3, 128 filters, stride 1, padding 1。

卷积层 3: 1 × 1, 512 filters, stride 1。

Shortcut Connection: 1 × 1, 512 filters, stride 2。

Bottleneck Residual Block 2-4：与第一个块相同，但没有 shortcut connection 的 1 × 1 卷积。

输入为 56 × 56 × 256，输出为 28 × 28 × 512，代码如下：

\# con3_x 层

```
1.  x = Bottleneck([128, 128, 512], strides=(2, 2))(x)
2.  for _ in range(3):
3.      x = Bottleneck([128, 128, 512])(x)
```

Con4_x 层，共有 23 个 Bottleneck Residual Block，每个包含 3 个卷积层和 1 个 Shortcut Connection。

Bottleneck Residual Block 1 结构如下：

卷积层 1: 1 × 1, 256 filters, stride 2。

卷积层 2: 3 × 3, 256 filters, stride 1, padding 1。

卷积层 3: 1 × 1, 1024 filters, stride 1。

Shortcut Connection: 1 × 1, 1024 filters, stride 2。

Bottleneck Residual Block 2-23：与第一个块相同，但没有 shortcut connection 的 1 × 1 卷积。

输入为 28 × 28 × 512，输出为 14 × 14 × 1024，代码如下：

```
1.  # con4_x 层
2.  x = Bottleneck([256, 256, 1024], strides=(2, 2))(x)
3.  for _ in range(22):
4.      x = Bottleneck([256, 256, 1024])(x)
```

Con5_x 层，由 3 个 Bottleneck Residual Block 组成，每个包含 3 个卷积层和 1 个 Shortcut Connection。

Bottleneck Residual Block 1 结构如下：

卷积层 1: 1 × 1, 512 filters, stride 2。

卷积层 2: 3 × 3, 512 filters, stride 1, padding 1。

卷积层 3: 1 × 1, 2048 filters, stride 1。

Shortcut Connection: 1 × 1, 2048 filters, stride 2。

Bottleneck Residual Block 2 和 3：与第一个块相同，但没有 shortcut connection 的 1 × 1 卷积。

输入为 14 × 14 × 1024，输出为 7 × 7 × 2048，代码如下：

```
1.  # con5_x 层
2.  x = Bottleneck([512, 512, 2048], strides=(2, 2))(x)
3.  for _ in range(2):
4.      x = Bottleneck([512, 512, 2048])(x)
```

输出层由池化层、全连接层、softmax 层组成，结构如下：

（1）全局平均池化层（Global Average Pooling）：

输入：$7 \times 7 \times 2048$。

操作：对每个通道进行全局平均池化，输出为 $1 \times 1 \times 2048$。

（2）全连接层（Fully Connected Layer）：

输入：$1 \times 1 \times 2048$。

操作：将输入展平为 2048 维向量，通过全连接层输出为 1000 维向量（3）（假设分类任务有 1000 类）。

Softmax 层：

输入：1000 维向量。

操作：应用 softmax 函数，将输出转化为 1000 类的概率分布。

代码如下：

```
1.#全连接层
2. x = GlobalAveragePooling2D()(x)
3. output = Dense(classes, activation='softmax')(x)
```

实际使用中通常调用 Bottleneck 类，定义 ResNet101 方法建立模型，搭建网络的完整代码如下：

```
1.  #根据需要定义
2.  def ResNet101(input_shape=(224, 224, 3), classes=1000):
3.    input = Input(shape=input_shape)
4.
5.    x = Conv2D(64, (7, 7), strides=(2, 2), padding='same')(input)
6.    x = BatchNormalization()(x)
7.    x = Activation('relu')(x)
8.    x = tf.keras.layers.MaxPooling2D((3, 3), strides=(2, 2), padding='same')(x)
9.    #con2_x层
10.   x = Bottleneck([64, 64, 256], strides=(1, 1))(x)
11.   x = Bottleneck([64, 64, 256])(x)
12.   x = Bottleneck([64, 64, 256])(x)
13.   # con3_x层
14.   x = Bottleneck([128, 128, 512], strides=(2, 2))(x)
15.   for _ in range(3):
16.     x = Bottleneck([128, 128, 512])(x)
17.   # con4_x层
18.   x = Bottleneck([256, 256, 1024], strides=(2, 2))(x)
19.   for _ in range(22):
20.     x = Bottleneck([256, 256, 1024])(x)
```

```
21.    # con5_x 层
22.    x = Bottleneck([512, 512, 2048], strides=(2, 2))(x)
23.    for _ in range(2):
24.        x = Bottleneck([512, 512, 2048])(x)
25.    #全连接层
26.    x = GlobalAveragePooling2D()(x)
27.    output = Dense(classes, activation='softmax')(x)
28.
29.    model = Model(inputs=input, outputs=output)
30.    return model
```

【工作任务】

使用 ImageNet 数据集训练 ResNet101 模型

一、任务概况

任务首先定义 Bottleneck 类，定义模型的基本结构，生成 ResNet101 模型，下载 ImageNet 数据集，解压生成 train 和 val 数据集。然后定义 train_generator 和 val_generator，因为 ImageNet 数据集比较大，需要使用 Checkpoint 机制设置 callbaks，在模型训练的过程中每完成一次 epoch 保存一次结果，最后保存得到训练后的模型，读取需要识别的图片输出类别。系统流程图如图 4-9 所示。

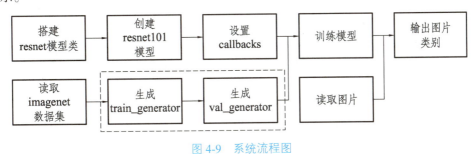

图 4-9　系统流程图

二、ImageNet 数据集

1. ImageNet 数据集简介

ImageNet 数据集是计算机视觉领域中一个非常重要且广泛使用的图像数据集。它基于 WordNet 层次结构进行组织，WordNet 是一个大规模的词汇数据库，ImageNet 将图像与这些词汇（即"同义词集"）对应起来。数据集中每张图像都被标注为一个或多个类别，数据集中的图像来自不同的环境、背景和视角，具有很高的多样性，这对训练和测试模型的泛化能力非常有帮助。

ImageNet 数据集在计算机视觉领域具有重大影响，它推动了深度学习和卷积神经网络（CNN）的发展，特别是通过 ILSVRC 比赛，该比赛中提出的模型和算法（如 AlexNet、VGG、ResNet 等）成为了计算机视觉领域的基石。

ImageNet 数据集有多个版本和子集，例如 ImageNet 1K 版本，包含 1000 个类别，每个类别约有 1000 张图像，广泛用于图像分类任务，特别是在 ImageNet 大规模视觉识别挑战赛（ILSVRC）中使用。ImageNet 22K 版本，包含超过 22000 个类别，约有 1400 万张图像，用于更广泛的图像识别和分类任务，提供了更丰富的类别和样本。

2. ImageNet 1K(ILSVRC)数据集简介

本例中使用的是 ImageNet 1K 版本即 ImageNet Large Scale Visual Recognition Challenge (ILSVRC) 数据集，共 1000 个类别，包含训练集（约有 128 万张图像）、验证集（50000 张图像）、测试集（100000 张图像），总计有 1280000（训练）+50000（验证）+100000（测试）= 1430000 张图像。

图像的分辨率不固定，通常在 500×500 到 1000×1000 像素之间。由于每张图像的大小会有所不同，具体存储大小取决于图像的分辨率和压缩质量，总存储大小在 150~200 GB，文件存储在以 n 开头 8 位数字结尾的文件夹中，如图 4-10 所示。

图 4-10　ImageNet 数据

数据集的标签文件为 mapping.txt，分为两列，第一列是文件夹的名称，第二列是对应的大类，第三列是对应的标签，例如文件夹 n03544143 对应的标签为 hourglass hourglass(沙漏)，如图 4-11 所示。

n03544143	hourglass	hourglass
n01807496	partridge	partridge
n02916936	vest	bulletproof vest
n03794056	mousetrap	mousetrap
n10565667	diver	scuba diver
n02978881	cassette	cassette
n03126707	crane	crane
n03394916	horn	French horn, horn
n07693725	bagel	bagel, beigel
n02326432	hare	hare
n02105412	kelpie	kelpie
n02782093	balloon	balloon

图 4-11　ImageNet 数据与标签

三、构建 ResNet101 模型

1. 创建 Bottleneck

定义 Bottleneck 类，使用__init__方法初始化 2 个 1×1 的卷积层 conv1、conv3 和 1 个 1×1 的卷积层 conv2，同时初始化 shortcut_conv 卷积层和 BatchNormalization 层。然后定义 call 方法实现 Bottleneck 基本模块。最后定义 ResNet101 方法，按照 ResNet101 的层次结构实现模型，代码如下：

```
1.  import tensorflow as tf
2.  from keras.layers import Layer, Conv2D, BatchNormalization, Activation, Add, Input,
GlobalAveragePooling2D, Dense
3.  from tensorflow.keras.models import Model
4.  from keras.models import Model
5.
6.  class Bottleneck(Layer):
7.      def __init__(self, filters, strides=(1, 1), **kwargs):
8.          super(Bottleneck, self).__init__(**kwargs)
9.          filter1, filter2, filter3 = filters
10.         self.conv1 = Conv2D(filter1, (1, 1), strides=strides)
11.         self.bn1 = BatchNormalization()
12.         self.conv2 = Conv2D(filter2, (3, 3), padding='same')
13.         self.bn2 = BatchNormalization()
14.         self.conv3 = Conv2D(filter3, (1, 1))
15.         self.bn3 = BatchNormalization()
16.         self.shortcut_conv = Conv2D(filter3, (1, 1), strides=strides)
17.         self.shortcut_bn = BatchNormalization()
18.
19.     def call(self, inputs, training=False):
20.         x = self.conv1(inputs)
21.         x = self.bn1(x, training=training)
22.         x = Activation('relu')(x)
23.
24.         x = self.conv2(x)
25.         x = self.bn2(x, training=training)
26.         x = Activation('relu')(x)
27.
28.         x = self.conv3(x)
29.         x = self.bn3(x, training=training)
30.
31.         shortcut = self.shortcut_conv(inputs)
```

```
32.        shortcut = self.shortcut_bn(shortcut, training=training)
33.
34.        x = Add()([x, shortcut])
35.        x = Activation('relu')(x)
36.        return x
37. #根据需要定义
38. def ResNet101(input_shape=(224, 224, 3), classes=1000):
39.     input = Input(shape=input_shape)
40.
41.     x = Conv2D(64, (7, 7), strides=(2, 2), padding='same')(input)
42.     x = BatchNormalization()(x)
43.     x = Activation('relu')(x)
44.     x = tf.keras.layers.MaxPooling2D((3, 3), strides=(2, 2), padding='same')(x)
45.     #con2_x 层
46.     x = Bottleneck([64, 64, 256], strides=(1, 1))(x)
47.     x = Bottleneck([64, 64, 256])(x)
48.     x = Bottleneck([64, 64, 256])(x)
49.     # con3_x 层
50.     x = Bottleneck([128, 128, 512], strides=(2, 2))(x)
51.     for _ in range(3):
52.         x = Bottleneck([128, 128, 512])(x)
53.     # con4_x 层
54.     x = Bottleneck([256, 256, 1024], strides=(2, 2))(x)
55.     for _ in range(22):
56.         x = Bottleneck([256, 256, 1024])(x)
57.     # con5_x 层
58.     x = Bottleneck([512, 512, 2048], strides=(2, 2))(x)
59.     for _ in range(2):
60.         x = Bottleneck([512, 512, 2048])(x)
61.     #全连接层
62.     x = GlobalAveragePooling2D()(x)
63.     output = Dense(classes, activation='softmax')(x)
64.
65.     model = Model(inputs=input, outputs=output)
66.     return model
```

2. 调用 ResNet101 模型

调用 ResNet101 方法，传入 input_shape 和 classes 参数，设置 optimizer，并输出模型的结构，代码如下：

```
1.  def create_model():
2.      model = ResNet101(input_shape=(224, 224, 3), classes=1000)
3.      model.summary()
4.      model.compile(optimizer=tf.keras.optimizers.Adam(learning_rate=0.001),
5.              loss='categorical_crossentropy',
6.              metrics=['accuracy'])
7.      return model
```

代码运行后输出 resne101 模型的结构如图 4-12 所示。

Layer (type)	Output Shape	Param #
input_1 (InputLayer)	[(None, 224, 224, 3)]	0
conv2d (Conv2D)	(None, 112, 112, 64)	9472
batch_normalization (BatchNo	(None, 112, 112, 64)	256
activation (Activation)	(None, 112, 112, 64)	0
max_pooling2d (MaxPooling2D)	(None, 56, 56, 64)	0
bottleneck (Bottleneck)	(None, 56, 56, 256)	76928
bottleneck_1 (Bottleneck)	(None, 56, 56, 256)	138368
bottleneck_2 (Bottleneck)	(None, 56, 56, 256)	138368
bottleneck_3 (Bottleneck)	(None, 28, 28, 512)	383232
bottleneck_4 (Bottleneck)	(None, 28, 28, 512)	547072
bottleneck_5 (Bottleneck)	(None, 28, 28, 512)	547072
bottleneck_6 (Bottleneck)	(None, 28, 28, 512)	547072
bottleneck_7 (Bottleneck)	(None, 14, 14, 1024)	1520128
bottleneck_8 (Bottleneck)	(None, 14, 14, 1024)	2175488
bottleneck_9 (Bottleneck)	(None, 14, 14, 1024)	2175488
bottleneck_10 (Bottleneck)	(None, 14, 14, 1024)	2175488
bottleneck_11 (Bottleneck)	(None, 14, 14, 1024)	2175488
bottleneck_12 (Bottleneck)	(None, 14, 14, 1024)	2175488
bottleneck_13 (Bottleneck)	(None, 14, 14, 1024)	2175488
bottleneck_14 (Bottleneck)	(None, 14, 14, 1024)	2175488
bottleneck_15 (Bottleneck)	(None, 14, 14, 1024)	2175488

bottleneck_16 (Bottleneck)	(None, 14, 14, 1024)	2175488
bottleneck_17 (Bottleneck)	(None, 14, 14, 1024)	2175488
bottleneck_18 (Bottleneck)	(None, 14, 14, 1024)	2175488
bottleneck_19 (Bottleneck)	(None, 14, 14, 1024)	2175488
bottleneck_20 (Bottleneck)	(None, 14, 14, 1024)	2175488
bottleneck_21 (Bottleneck)	(None, 14, 14, 1024)	2175488
bottleneck_22 (Bottleneck)	(None, 14, 14, 1024)	2175488
bottleneck_23 (Bottleneck)	(None, 14, 14, 1024)	2175488
bottleneck_24 (Bottleneck)	(None, 14, 14, 1024)	2175488
bottleneck_25 (Bottleneck)	(None, 14, 14, 1024)	2175488
bottleneck_26 (Bottleneck)	(None, 14, 14, 1024)	2175488
bottleneck_27 (Bottleneck)	(None, 14, 14, 1024)	2175488
bottleneck_28 (Bottleneck)	(None, 14, 14, 1024)	2175488
bottleneck_29 (Bottleneck)	(None, 14, 14, 1024)	2175488
bottleneck_30 (Bottleneck)	(None, 7, 7, 2048)	6054912
bottleneck_31 (Bottleneck)	(None, 7, 7, 2048)	8676352
bottleneck_32 (Bottleneck)	(None, 7, 7, 2048)	8676352
global_average_pooling2d (Gl	(None, 2048)	0
dense (Dense)	(None, 1000)	2049000

```
=================================================================
Total params: 77,225,320
Trainable params: 77,062,632
Non-trainable params: 162,688
```

图 4-12　resne101 模型的结构图

四、读取 ImageNet 数据

定义 load_data 方法，设置 train_datagen 和 val_datagen 数据生成器，并使用 flow_from_directory 方法从训练集和测试集文件中获取数据，代码如下：

```
1.  def load_data(train_path,val_path):
2.     train_datagen = ImageDataGenerator(
3.         rescale=1.0 / 255.0,
4.         shear_range=0.2,
5.         zoom_range=0.2,
```

```
6.         horizontal_flip=True,
7.         preprocessing_function=tf.keras.applications.ResNet.preprocess_input
8.     )
9.
10.    val_datagen = ImageDataGenerator(
11.       rescale=1.0 / 255.0,
12.       preprocessing_function=tf.keras.applications.ResNet.preprocess_input
13.    )
14.
15.    train_generator = train_datagen.flow_from_directory(
16.       train_path,
17.       target_size=(224, 224),
18.       batch_size=32,
19.       class_mode='categorical'
20.    )
21.
22.    val_generator = val_datagen.flow_from_directory(
23.       val_path,
24.       target_size=(224, 224),
25.       batch_size=32,
26.       class_mode='categorical'
27.    )
28.    return train_generator,val_generator
```

五、训练模型

训练模型时可以设定 checkpoint，用于保存每一个 epoch 的训练权重，当模型中断训练后下一次可以从 checkpoint 中读取上一轮次的训练权重继续进行训练。同时设置 EarlyStopping，它的作用就是当模型在验证集上的性能不再增加时就停止训练，从而达到充分训练的作用，又避免过拟合，代码如下：

```
1.  def train_model(train_generator, val_generator, model):
2.      checkpoint_save_path = "./checkpoint/ResNet101.ckpt"
3.      if os.path.exists(checkpoint_save_path + '.index'): # index:
4.          print('-----------------------load the model-----------------------')
5.          model.load_weights(checkpoint_save_path) #加载模型
6.      cp_callback = callbacks.ModelCheckpoint( # 保存模型 cp_callback
7.          filepath=checkpoint_save_path,
8.          save_weights_only=True, # 只保存 weight
```

```
9.        save_best_only=True  # 只保存最好的一次
10.   )
11.   early_stopping = EarlyStopping(monitor='val_loss', patience=10, mode='min')
12.   callbacks_list = [cp_callback, early_stopping]
13.   his=model.fit(
14.       train_generator,
15.       steps_per_epoch=train_generator.samples // train_generator.batch_size,
16.       validation_data=val_generator,
17.       validation_steps=val_generator.samples // val_generator.batch_size,
18.       epochs=50,
19.       callbacks=callbacks_list
20.   )
21.   return  his,model
```

六、使用混合精度训练并设置 GPU 内存动态分配

本任务使用 ImageNet 数据集训练 ResNet101 模型，模型的参数有 77 062 632 个，对设备的性能要求较高，可以启用混合精度训练，这种模式在训练神经网络时使用不同的数值精度（如32 位和 16 位浮点数）的技术。这种方法可以显著提高计算效率和减少内存使用。通过配置 TensorFlow 的动态内存增长模式，可以让 TensorFlow 动态地按需增加 GPU 内存的分配，而不是一次性分配所有可用内存。这有助于避免不必要的内存占用，提高资源利用率，在开始训练之前执行代码，可以显著提高深度学习模型的训练效率和资源利用率，优化计算性能、减少内存占用，并提高系统的稳定性和资源管理能力，是深度学习训练过程中常用的优化技术，代码如下：

```
1.   def reduce_mem():
2.       # 启用混合精度训练
3.       mixed_precision.set_global_policy('mixed_float16')
4.       # 配置 TensorFlow 以动态按需增长 GPU 内存分配
5.       gpus = tf.config.experimental.list_physical_devices('GPU')
6.       if gpus:
7.           try:
8.               for gpu in gpus:
9.                   tf.config.experimental.set_virtual_device_configuration(
10.                      gpu,
11.                      [tf.config.experimental.VirtualDeviceConfiguration(memory_limit=4096)]
12.                  )
13.           except RuntimeError as e:
14.               print(e)
```

最后在 main 函数中调用方法，代码如下：

```
1.  if __name__ == '__main__':
2.     reduce_mem()
3.     train_path="G:/imagenet/train"
4.     val_path="G:/imagenet/val"
5.     gc.collect()
6.     train_generator, val_generator=load_data(train_path,val_path)
7.     model = create_model()
8.     his, model = train_model(train_generator, val_generator, model)
9.     save_model(model, his)
10.    show_loss()
```

任务 ⑤ 使用迁移学习完成垃圾分类

【任务导入】

垃圾分类是对垃圾收集处置传统方式的改革，将垃圾分类与人工智能图形识别技术相结合，是对垃圾进行有效处置的一种科学管理方法。本任务基于预训练模型 ResNet101 网络，使用 ImageNet 网络权重参数，应用迁移学习方法进行垃圾图片分类。使用迁移学习提高模型特征表达的能力，改进并选择合适的损失函数和优化方案，使得模型能够区分不同种类的垃圾，训练完毕的模型导出后可以部署在嵌入式系统或者 App 中。

知识目标

（1）了解迁移学习的基本原理。
（2）掌握预训练模型的作用。

能力目标

（1）能调用预训练模型完成模型的搭建。
（2）能按照需求完成模型冻结的操作。
（3）能基于需求添加新的模型层。

拓展能力

掌握根据任务的需求，冻结预训练模型的层。

【任务导学】

什么是迁移学习？

前面的几个任务中，都是针对任务搭建了深度学习模型，使用给定的数据集训练模型，然后将数据输入模型得到预测结果。随着深度学习的发展，一些优秀的模型（如 VGG、inception、MobileNet、ResNet 等）持续发布，这些模型都有完整的模型和权重参数，同时深度学习在新领域应用不断涌现，但是在一些新出现的领域中的大量训练数据非常难得到，这时可以把这些已经训练好模型的参数和结构迁移到新建的模型中帮助新模型训练，这个过程就是迁移学习。

【任务知识】

一、迁移学习

1. 迁移学习的基本概念

迁移学习(Transfer learning)，顾名思义就是把已训练好的模型参数迁移到新的模型来帮助新模型训练。考虑到大部分数据或任务都是存在相关性的，所以通过迁移学习可以将已经学到的模型参数（也可理解为模型学到的知识）通过某种方式来分享给新模型，从而加快并优化模型的学习效率，不用像大多数网络那样从零学习。

例如已经训练有了一个 ResNet101 预训练模型，它可以识别 1 000 种物体，现在有一个新的任务，希望训练一个模型来识别 40 种不同类别的生活垃圾，这时就冻结 ResNet101 预训练模型的卷积核池化层的参数，定义识别垃圾的全连接层，然后使用采集的垃圾图片训练加入的全连接层，最后得到一个新的模型。以 ResNet101 模型为例，模型的总参数量为 42 687 464，冻结卷积核池化层的参数数量为 42 605 504，需要训练的参数量为 2 139 176，这样可大大提升模型训练的速度，同时因为使用了预训练的参数，所以其精度也很高，如图 5-1 所示。

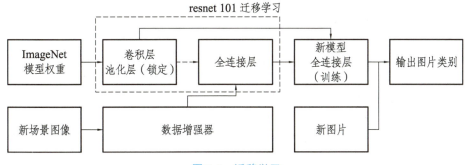

图 5-1　迁移学习

2. 迁移学习使用的场景

当任务没有种类繁多的大型数据集时，从头开始训练的模型很可能会快速记住训练集的数据，但却无法有效地泛化至新数据。这时可以通过迁移学习，有更大的概率在小数据集上训练出准确、稳健的模型。

相比于无迁移学习，迁移学习是在之前模型的基础上进行的，有更好的基线性能（更高的起点）、效率提升（更高的斜率）和更好的最终性能（更高的渐近线）；能节省开发时间，与从零开始学习的目标模型相比，利用迁移学习能大大缩短模型学习所需的时间，从而获得更高的最终性能。

二、迁移学习实现步骤

1. 下载预训练模型

例如使用 ResNet-101 模型实现迁移学习时，首先下载预训练模型，可从 TensorFlow 源码获取权重参数文件。本任务使用 ResNet V1 101 模型的预训练权重参数，文件名为 resnet_v1_101.ckpt，如图 5-2 所示。

Model	TF-Slim File	Checkpoint	Top-1 Accuracy	Top-5 Accuracy
Inception V1	Code	inception_v1_2016_08_28.tar.gz	69.8	89.6
Inception V2	Code	inception_v2_2016_08_28.tar.gz	73.9	91.8
Inception V3	Code	inception_v3_2016_08_28.tar.gz	78.0	93.9
Inception V4	Code	inception_v4_2016_09_09.tar.gz	80.2	95.2
Inception-ResNet-v2	Code	inception_resnet_v2_2016_08_30.tar.gz	80.4	95.3
ResNet V1 50	Code	resnet_v1_50_2016_08_28.tar.gz	75.2	92.2
ResNet V1 101	Code	resnet_v1_101_2016_08_28.tar.gz	76.4	92.9
ResNet V1 152	Code	resnet_v1_152_2016_08_28.tar.gz	76.8	93.2
ResNet V2 50^	Code	resnet_v2_50_2017_04_14.tar.gz	75.6	92.8
ResNet V2 101^	Code	resnet_v2_101_2017_04_14.tar.gz	77.0	93.7
ResNet V2 152^	Code	resnet_v2_152_2017_04_14.tar.gz	77.8	94.1
ResNet V2 200	Code	TBA	79.9*	95.2*
VGG 16	Code	vgg_16_2016_08_28.tar.gz	71.5	89.8
VGG 19	Code	vgg_19_2016_08_28.tar.gz	71.1	89.8

图 5-2　常用模型权重参数

2. 添加新的模型层

ResNet101 模型的最后一层是包含 1 000 个单元的密集连接层，用来表达数据集中的 1 000 个可能的分类。垃圾分类中，有 40 种垃圾图片，所以分类数量不同，因此需要除去预训练模型的最后一层。可以在下载该模型时通过设置标记 include_top = False 来执行此操作。移除顶层后，可以添加一个 1 024 个神经单元的全连接层，最后新增一个 40 个神经单元的层，激活函数选择 softmax，最终得到分类的概率，如图 5-3 所示。

3. 冻结预训练模型

迁移学习的核心是使用已经预训练模型的参数，再根据需要对模型的参数进行冻结，在新任务中被冻结的参数不参与模型的训练。可以设置 model.trainable = False 冻结全部参数。但是如果模型在前几轮训练的准确率很低，可以尝试解冻部分层，例如冻结基础模型的所有层，只解冻最后 5 层，这样可以利用预训练模型已经学习到的低级特征，又能让模型在新数据上调整高级特征，代码如下：

```
1. for layer in base_model.layers[:-5]:
2.     layer.trainable = False
```

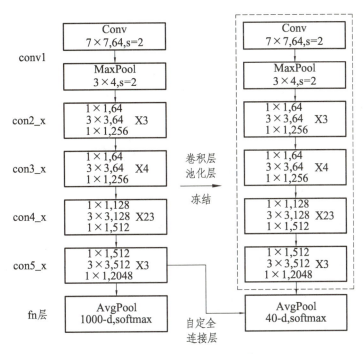

图 5-3　ResNet101 模型迁移

三、垃圾分类数据集

2019 年，华为公司发布了华为云垃圾分类数据集，涵盖了可回收垃圾、有害垃圾、厨余垃圾和其他垃圾等四大类别，共计 40 个子类，见表 5-1。数据集涵盖了日常生活中常见的垃圾种类，共有 14 683 张垃圾图片。本任务中，按照 80%的训练集和 20%的测试集进行划分，通过随机划分保证训练集和测试数据的数据分布保持一致。

表 5-1　数据集类别

大类别	小类别
可回收垃圾	充电宝、包、化妆品瓶、塑料玩具、塑料碗盆、塑料衣架、快递纸袋、插头电线、旧衣服、易拉罐、枕头、毛绒玩具、洗发水瓶、玻璃杯、皮鞋、砧板、纸板箱、调料瓶、酒瓶
厨余垃圾	剩饭剩菜、大骨头、水果果皮、水果果肉、茶叶渣、菜叶菜根、蛋壳、鱼骨
有害垃圾	干电池、软膏、过期药物
其他垃圾	一次性快餐盒、污损塑料、烟蒂、牙签、破碎花盆及碟碗、竹筷

分类垃圾数据集中存在样本数量不平衡现象，可能会导致模型出现过拟合现象，需要使用图像增强函数对样本进行数据增强处理，同时提高模型的泛化能力。华为云垃圾数据集图片的尺寸大小和形状是不统一，部分图片还存在背景干扰大等问题，同时从图 5-4 中可以看出 40 个小类的数据分布是不均衡的，模型训练时会导致学习不充分和过拟合现象。

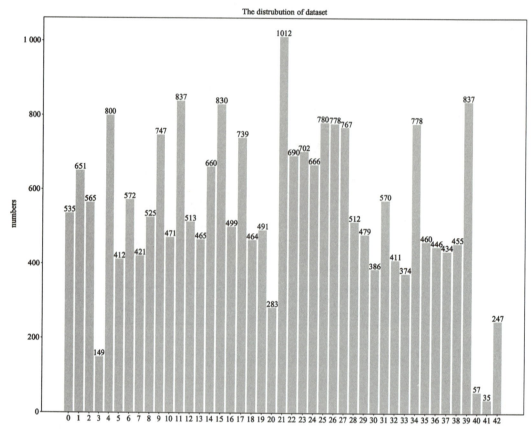

图 5-4　华为云垃圾数据集类别及数量

为了提高模型的泛化性和健壮性，在训练阶段采用了多种数据增强方法，包括随机剪裁、随机垂直和水平翻转、随机像素内容变换和图像标准化等。这些方法有助于增加数据集的多样性，使模型更好地适应不同场景下的垃圾分类任务。本任务使用 ResNet 网络模型，采用的默认输入尺寸是 224 × 224 RGB 图像，还需要将图片的 shape 设定为(224 × 224 × 3)。对样本数据较多的类别进行了筛选，删除背景噪声大、目标模糊的图片。对样本较少的类别，如牙签类别、快递纸袋等进行数据增强操作，最终解决了部分类别图片欠采样的问题，较好地平衡了各个类型的样本数量。

【工作任务】

使用 ResNet101 模型迁移学习完成垃圾分类

一、数据集处理

1. 使用 ImageDataGenerator 处理数据

垃圾数据集需要使用 ImageDataGenerator 进行处理，首先获取到数据的文件路径和标签生成 datatframe 对象，并拆分为 80%的训练集和 20%的验证集。然后设置参数对数据进行增强，并使用 flow 方法生成数据批次，将数据预处理为张量形式。

```python
1.  #定义训练数据集和测试数据集
2.  def data_generator(txt_files, img_file):
3.      data_df = pd.DataFrame()
4.      data_df["image_paths"] = img_file
5.      data_df["label"] = txt_files
6.      data_df.sample(frac=1).reset_index(drop=True)
7.      train_df, test_df = train_test_split(data_df, test_size=0.2, random_state=42)
8.      # 生成训练集
9.      train_gen = ImageDataGenerator(
10.         zoom_range=0.1,
11.         rotation_range=10,
12.         rescale=1. / 255,
13.         shear_range=0.1,
14.         horizontal_flip=True,
15.         width_shift_range=0.1,
16.         height_shift_range=0.1
17.     )
18.     train_generator = train_gen.flow_from_dataframe(
19.         dataframe=train_df,
20.         x_col='image_paths',
21.         y_col='label',
22.         target_size=(224, 224),
23.         batch_size=32,
24.         shuffle=False
25.     )
26.     print(train_generator)
27.     # 生成验证集
28.     test_gen = ImageDataGenerator(
29.         rescale=1. / 255
30.     )
31.     test_generator = test_gen.flow_from_dataframe(
32.         dataframe=test_df,
33.         x_col='image_paths',
34.         y_col='label',
35.         target_size=(224, 224),
```

```
36.      batch_size=32,
37.      shuffle=False
38.   )
39.   return train_generator, test_generator
```

2. 数据不均衡处理

本任务的垃圾数据集存在不均衡性，如果不处理可能会造成模型的精度很低、模型收敛缓慢、损失函数不平衡等问题。这些问题可以通过调整类权重、进行过采样和欠采样等方法来解决，代码如下：

```
1.  # 计算类权重
2.  class_indices = train_generator.class_indices
3.  class_weights = compute_class_weight('balanced', classes=np.unique(train_generator.classes),
4.                              y=train_generator.classes)
5.  class_weights = dict(enumerate(class_weights))
```

二、模型搭建

1. 使用 ResNet101 预训练模型

计算机视觉领域里迁移学习通常使用 ImageNet 预训练模型，因为这些模型已经学会对各种不同类型的图像进行分类。通过训练模型已经学会了检测许多不同类型的特征，而这些特征对于图像识别非常重要。

首先下载或者使用自己预训练的 ResNet101 模型，模型的最后一层是包含 1 000 个单元的全连接层，用来表达数据集中 1 000 个可能的分类。本任务希望模型作出 40 种分类的垃圾分类模型。由于分类数量不同，需要除去预训练模型的最后一层，可以在下载该模型时通过设置标记 include_top = False 来执行此操作。移除顶层后，可以添加新层来生成分类类型。

2. 冻结基础模型

在将新层添加到预训练模型之前，应当执行一个重要步骤：冻结模型的预训练基础层。在进行新的训练时，不会更新预训练模型的基础层，仅更新添加到模型末尾的新层。冻结基础层，是需要保留通过 ImageNet 数据集训练时所获得的学习成果。如果在此阶段未冻结这些层，可能会破坏这些重要信息。但是在有些情况下可能会需要取消冻结并训练这些层。冻结基础层非常简单，只需将模型的 trainable 参数设置为 False 即可。

3. 添加新的层

为了实现 40 种垃圾分类，可以在预训练模型上添加新的可训练层，利用预训练层中的特征并将其转变成对新数据集的预测。向模型添加两个层：一个池化层，以及一个使用 softmax 激活函数的全连接层作为输出层。

```
1.  def create_model():
2.      pre_trained_model = ResNet101(input_shape=(224,224,3),
3.                  include_top=False,
4.                  weights='imagenet')
5.      pre_trained_model.summary()
6.      Inp = Input((224, 224, 3))
7.      x = pre_trained_model(Inp)
8.      x = GlobalAveragePooling2D()(x)
9.      predictions = Dense(40, activation='softmax')(x)
10.     model = Model(inputs=Inp, outputs=predictions)
11.     for layer in pre_trained_model.layers[:-5]:
12.         layer.trainable = False
13.     model.summary()
14.     model.compile(optimizer=SGD(learning_rate=0.0003, momentum=0.9), loss='categorical_crossentropy',
15.                 metrics=['accuracy'])
16.     return model
```

将预训练模型与新层结合后，可使用 summary 方法查看模型结构，输出一个简明扼要的结果，因为它将 ResNet101 预训练模型显示为一个单元，而不是显示其所有内部层。由于预训练模型已被冻结，其参数不可训练，如图 5-5 所示。

```
Model: "model"
_____
Layer (type)                 Output Shape              Param #
=================================================================
input_2 (InputLayer)         [(None, 224, 224, 3)]     0

resnet101 (Functional)       (None, 7, 7, 2048)        42658176

global_average_pooling2d (G  (None, 2048)              0
lobalAveragePooling2D)

dense (Dense)                (None, 40)                81960

=================================================================
Total params: 42,740,136
Trainable params: 1,136,680
Non-trainable params: 41,603,456
```

图 5-5　ResNet101 迁移学习模型结构

任务六 使用 LSTM 网络自动生成图片摘要文本

【任务导入】

根据图像生成对应的摘要文本是人工智能的一个典型应用场景。它通过机器学习模型将图像内容转换为文字描述，可以大幅提高信息处理效率，增强用户体验，促进数据融合。一方面，自动生成摘要文本可以快速将图片内容转换为易于理解的自然语言，大幅度减少人工编写时间和成本，提升信息处理效率。另一方面，文本摘要能增强信息的可读性，使用户能够快速获取图片的核心内容，这在新闻、社交媒体等需要快速传播信息的领域尤为实用。此外，生成的文本可用作语义标签，提升图像检索系统的准确性和效率。自动生成的文本摘要还能在多模态数据融合中起到重要作用，将视觉信息与其他数据类型结合，应用于智能家居、自动驾驶等领域，推动行业技术创新和应用拓展。本任务使用 LSTM 网络来自动生成图片摘要文本。

知识目标

（1）了解时序的概念。
（2）理解 RNN 的工作原理。
（3）理解 LSTM 的基本工作原理。
（4）理解梯度消失和梯度爆炸的基本原理。
（5）理解循环神经网络的前向传播和反向传播。

能力目标

（1）能使用 LSTM 完成时序任务。
（2）能构建 LSTM 网络模型。
（3）能训练保存 LSTM 网络模型。
（4）能调用 LSTM 网络根据图片生成文字描述。

拓展能力

（1）理解 LSTM 状态单元、遗忘门、输出门的作用。
（2）能根据需求选用 LSTM 网络模型和 CNN 模型共同完成任务。

什么是 LSTM?

　　LSTM（长短时记忆网络）作为一种特殊的递归神经网络（RNN），在处理序列数据方面具有显著优势，被广泛应用于自然语言处理领域。在图像摘要生成任务中，LSTM 可以通过提取图片特征信息，将其转化为文本描述。这个过程包括使用卷积神经网络（CNN）提取图片的视觉特征，然后将这些特征传递给 LSTM 进行序列学习和文本生成。LSTM 网络在自动生成图片摘要文本的过程中，能够捕捉到图片内容的时序关系和语义信息，从而生成具有逻辑性和连贯性的自然语言描述。这种方法不仅提高了图像内容分析的自动化程度，还为图像检索、图像标注等领域提供了有力的技术支持。

【任务知识】

一、RNN（循环神经网络）

1. 循环神经网络的产生

　　传统神经网络(包括 CNN)，输入和输出都是互相独立的，例如图像中的猫狗是分隔开的，但是有些任务，后续的输出和之前的内容是相关的，例如根据前序文本填空"我是中国人，我的母语是＿＿＿"，完成这个任务，需要理解这句话的意思，孤立地理解这句话的每个词是不够的，需要将这些这些词连接成序列，根据前序的词语生成后续的词语。这个任务就可以看成输入是一个序列的信息，输出是和序列相关的信息，即前面的输入和后面的输入是有关系的。这时就需要使用 RNN（循环神经网络），循环的意思表明网络模型中的每个单元都执行相同的任务，但是输出依赖于输入和记忆。

2. 循环神经网络的结构

　　最简单的循环神经网络由输入层、隐藏层和输出层组成，在 t 时刻，循环神经网络有一个输入 $x(t)$ 和输出 $y(t)$，输出 $y(t)$ 被送回网络作为 $t+1$ 时刻的输入使用。与传统的神经网络一样，学习的参数存储为权重矩阵，RNN 有 3 个权重矩阵，U 是输入层到隐藏层的权重矩阵，V 是隐藏层到输出层的权重矩阵，W 是隐藏层上一次的值作为这一次的输入的权重矩阵，如图 6-1 所示。

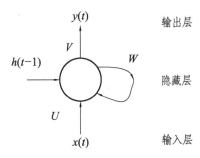

图 6-1　RNN 网络结构

权重矩阵 **W** 在 RNN 网络中有什么作用呢？从图 6-1 中可以看出，循环神经网络的隐藏层的值 s 不仅仅取决于当前这次的输入 x，还取决于上一次隐藏层的值 h，这时 **W** 就包含之前输入数据的信息，起到"记忆"单元的作用，可以把 RNN 网络按照时间线展开。可以把输入处理成一个时间序列，x_t 表示时间 t 处的输入，h_t 是时间 t 处的"记忆"，$h_t = f(UX_t + Wh_{t-1})$，f 可以是 tanh 函数等，y_t 是时间 t 处的输出，如果是预测下个词，可以使用 softmax 输出属于每个候选词的概率，如图 6-2 所示。

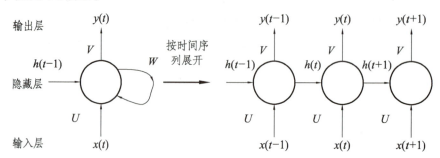

图 6-2　RNN 网络时间线展开

图 6-2 中可以把隐状态 h_t 视作"存储器"，捕捉了之前时间点上的信息。输出 h_t 由当前时间及之前所有的"记忆"共同计算得到。实际应用中 h_t 并不能捕捉和保留之前所有信息。RNN 整个神经网络都共享一组参数（U,V,W），极大减小了需要训练和预估的参数量。图中的 h_t 作为中间结果，在有些任务下是不存在的，如文本情感分析，其实只需要最后的输出结果就行。

3. 循环神经网络的计算方法

结合 RNN 网络时间线展开，当网络在 t 时刻接收到输入 x_t 之后，隐藏层的值是 h_t，输出值是 y_t。这时 h_t 的值不仅仅取决于 x_t，还取决于 h_{t-1}，在隐藏层中，常用 tanh 作为激活函数，可以用下面的公式来表示循环神经网络的计算方法。

$$h_t = \tanh\left(UX_t + Wh_{t-1}\right)$$

$$y_t = \mathrm{softmax}\left(Vh_t\right)$$

二、RNN 时间反向传播

与 CNN 一样，RNN 网络也存在梯度的反向传播，不同之处在于，RNN 的权重是所有时间共享的，所以输出的梯度不仅取决于当前的时间步，还和前一个时间步有关，这个过程称为时间反向传播。在 RNN 中权重 V、U、W 在不同的时间步之间是共享的，需要求解各个时间步的梯度和。

有一个时间步长为 5 的 RNN，在向前传递期间，网络在 t 时刻的生成的预测值为 y_t'，并将其与标签 y_t 进行比较，然后计算损失 L_t。在向前传播期间，在每一个时间步长计算相对于权重 U、V、W 的损失梯度，并用梯度的总和更新参数，如图 6-3 所示。

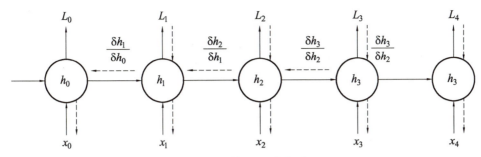

图 6-3　时间的反向序列

例如计算 W 的损失集梯度，因为隐藏状态 h_t 依赖于 h_{t-1}，而隐藏状态 h_{t-1} 又依赖于 h_{t-2}，可以得到

$$\frac{\partial L}{\partial W} = \sum_t \frac{\partial L_t}{\partial W}$$

当时间步 $t = 3$ 时，根据链式法则，W 的损失梯度可以分解为三个子梯度的乘积。W 的隐藏状态 h_2 的梯度可以进一步分解为各个隐藏状态相对于前一个隐藏状态的梯度之和。最后前一个隐藏状态的每个梯度可以进一步分解为当前隐藏状态的梯度与前一个隐藏状态梯度的乘积。

$$\frac{\partial L_3}{\partial W} = \frac{\partial L_3}{\partial y_3'} \frac{\partial y_3'}{\partial h_3} \frac{\partial h_3}{\partial W}$$

三、RNN 的梯度消失和梯度爆炸

1. 梯度爆炸和梯度消失问题

RNN 的梯度表达式中用乘积表示了最终的梯度，如果某一个隐藏层的前一隐藏层的单个梯度小于 1，这时经过多个时间步的反向传播，梯度的乘积会越来越小，最终导致梯度消失。反之，如果一个梯度值大于 1，乘积就会越来越大，导致梯度爆炸。梯度爆炸会导致训练过程崩溃，梯度消失可以采用使用 ReLU 函数替换 tanh 激活函数等方法降低其影响。

2. RNN 存在的其他问题

长期依赖问题：RNN 在处理长序列时，难以捕捉到远距离位置之间的依赖关系。尽管理论上 RNN 可以处理任意长度的序列，但实际上，它们更擅长处理短期依赖。

计算效率低：RNN 的序列处理本质上是顺序的，这意味着无法进行并行计算，这在处理长序列时会导致计算效率低下。

难以训练：由于梯度消失和梯度爆炸问题，RNN 的训练过程常常需要小心调参和选择合适的优化方法，否则容易陷入局部最优或训练失败。

3. RNN 网络记忆容量有限问题

前面提到在 RNN 中，梯度的更新与权重矩阵的乘积有关，如果权重矩阵的特征值小于 1，经过多次相乘后，梯度会迅速变得很小，导致梯度消失。同时常用的激活函数（如 sigmoid 和

tanh）在某些输入范围内会产生非常小的梯度，这会进一步加剧梯度消失问题。而梯度消失会导致模型的训练变得困难，特别是在需要捕捉长程依赖的任务中，模型的性能会显著下降。这就会导致 RNN 丧失学习远端前序信息的能力，也可以理解为 RNN 网络"记忆容量有限"。

四、LSTM 长短记忆网络

1. LSTM 简介

LSTM 循环神经网络是 RNN 网络的一种，能够解决学习长期依赖关系。它增加了三个门结构，输入门、遗忘门和输出门。输入门用于控制输入信息的流入，遗忘门用于控制旧信息的遗忘，输出门用于控制输出信息的流出。通过这些门的控制，LSTM 可以选择性地记住或忘记信息。LSTM 中两条水平线，顶部的水平线表示单元状态 C，表示单元内部的存储器，底部的水平线表示隐藏状态 h，两条线之间从下到上的 3 个连接就是门结构，如图 6-4 所示。

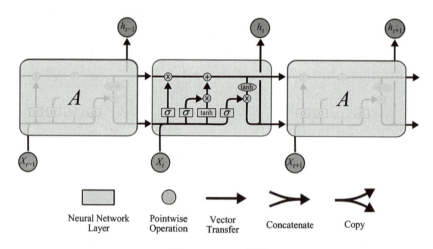

图 6-4　LSTM 结构

遗忘门定义了允许通过的前一个状态 h_{t-1} 的数量。输入门定义了当前的输入 X_t 允许通过多少新计算的状态。输出门定义了向下一层公开多少内部状态。根据当前输入 X_t 和上一个隐状态 h_{t-1} 来计算内部隐状态 g。如图 6-5 中 i、f、o 是输入门、遗忘门和输入门，它们对应的参数权重是 W_i、U_i、W_f、U_f 和 W_o、U_o。σ 表示使用的 sigmoid 函数，值在 0 和 1 之间用于调节这些门的输出。

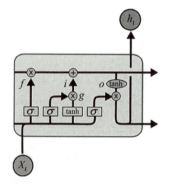

图 6-5　LSTM 门结构

2. 单元状态 C

单元状态 *C* 类似于传送带，直接用来传输 3 个门的输出数据，它只有一些线性的交互，可以保证传输的数据不发生变化，如图 6-6 所示。

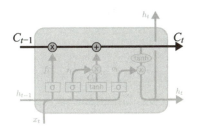

图 6-6　单元状态 C

3. 遗忘门

LSTM 如何控制门中的输出数据呢？例如遗忘门包含一个 sigmoid 神经网络层和一个 pointwise 乘法操作。sigmoid 层输出 0 到 1 之间的概率值，描述每个部分有多少量可以通过，0 代表"不许任何量通过"，1 就指"允许任意量通过"。可以通过"门"让信息选择性通过，来去除或者增加信息到状态单元中，如图 6-7 所示。

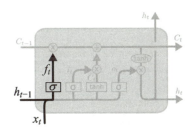

图 6-7　遗忘门

这时输出为

$$f(t) = \sigma\left(W_f\left[h_{t-1}, x_t\right] + b_f\right)$$

4. 输入门

决定放什么新信息到模型中呢？这里需要 3 个操作，sigmoid 层决定什么值需要更新，Tanh 层创建一个新的候选值向量，然后将两个值相加，如图 6-8 所示。

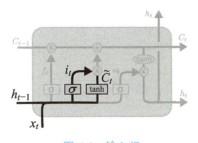

图 6-8　输入门

公式如下：

$$i_t = \sigma\left(W_i\left[h_{t-1}, x_t\right] + b_i\right)$$

$$\tilde{C}_t = \tanh\left(W_C\left[h_{t-1}, x_t\right] + b_C\right)$$

5. 更新状态

首先将旧状态 C_{t-1} 与遗忘门 f_t 的值相乘，丢弃掉无用的信息，然后加上 i_t 与 $\tilde{C}_t$ 的乘积，得到更新的状态 C_t，其中 i_t 与 $\tilde{C}_t$ 的乘积表示新的内部隐状态，如图 6-9 所示。

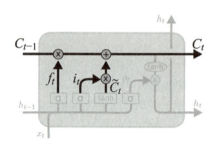

图 6-9　更新状态

公式如下：

$$C_t = f_t * C_{t-1} + i_t * \tilde{C}_t$$

6. 得到输出

首先运行一个 sigmoid 层来确定细胞状态的哪个部分将输出。接着用 tanh 处理细胞状态（得到一个在-1 到 1 之间的值），再将它和 sigmoid 门的输出相乘，输出确定输出的那部分，如图 6-10 所示。

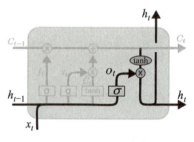

图 6-10　LSTM 输出

公式如下：

$$\sigma_t = \sigma\left(W_o\left[h_{t-1}, x_t\right] + b_o\right)$$

$$h_t = o_t * \tanh\left(C_t\right)$$

【工作任务】

使用 LSTM 根据图片生成文本描述

一、任务概述

本任务实现了一个根据图像生成文字描述的实例，可以使用卷积神经网络和 LSTM 网络来共同完成这个任务。生成模型的训练过程，主要包括数据加载、特征提取、模型创建、模型训练和模型保存等步骤。

首先，通过加载 COCO 数据集，提取图像和对应的描述（captions），并对文本进行预处理和序列化。然后，使用预训练的 InceptionV3 模型提取图像特征，并创建一个包含图像和文本输入的多模态神经网络模型。模型包括图像特征提取、文本特征提取和特征融合三部分，通过训练该模型，使其能够根据输入图像生成描述文本。训练过程中，使用自定义的数据生成器和回调函数来管理数据及训练历史。最后，保存训练好的模型及其权重、网络架构和训练历史。代码还包含生成图像描述的功能，通过加载图像并预测其描述，实现了完整的图像描述生成流程，如图 6-11 所示。

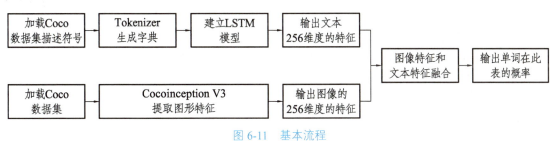

图 6-11　基本流程

二、加载 COCO 数据集

1. COCO 数据集

COCO 数据集是一个大规模、高质量的图像数据集，广泛用于计算机视觉领域的各种任务，包括对象检测、分割、关键点检测和图像描述生成等。数据集包含图像和标注。

COCO 数据集中的图像来自日常生活场景，具有丰富的上下文信息。这些图像中包含多种不同类别的物体，覆盖了广泛的现实场景。数据集定义了 80 个物体类别，如人、动物、车辆、家具等。这些类别涵盖了日常生活中的常见物体。

COCO 提供了详细的标注，包括对象检测的边界框、实例分割的多边形掩码、关键点检测的人体关键点标注。同时为每张图提供了多个文本描述（captions），用于图像描述生成任务。

2. 加载数据集

加载 COCO 数据集包括加载中的训练和验证集的图像及其对应的描述。

首先，使用 load_file(data_dir) 函数，加载 COCO 数据集，返回图像文件名、描述、COCO

API 对象和图像目录路径。

　　然后，使用 load_image_descriptions(coco) 函数从 COCO 数据集中提取图像文件名和对应的描述，代码如下：

```
1.  def load_file(data_dir):
2.      train_image_dir = os.path.join(data_dir, 'train2014')
3.      val_image_dir = os.path.join(data_dir, 'val2014')
4.      train_annotation_file = os.path.join(data_dir, 'annotations/captions_train2014.json')
5.      val_annotation_file = os.path.join(data_dir, 'annotations/captions_val2014.json')
6.      #通过 COCOAPI 加载注释文件，创建 COCO 数据集对象 coco_train 和 coco_val
7.      coco_train = COCO(train_annotation_file)
8.      coco_val = COCO(val_annotation_file)
9.      train_img_names, train_captions = load_image_descriptions(coco_train)
10.     val_img_names, val_captions = load_image_descriptions(coco_val)
11.     return train_img_names, train_captions, val_img_names, val_captions, coco_train, coco_val, train_image_dir, val_image_dir
12.
13. def load_image_descriptions(coco):
14.     all_captions = []
15.     all_img_names = []
16.
17.     for img_id in img_ids:
18.         for ann in coco.imgToAnns[img_id]:
19.             caption = ann["caption"]
20.             img_filename = coco.loadImgs(img_id)[0]['file_name']
21.             all_img_names.append(img_filename)
22.             all_captions.append(caption)
23.     return all_img_names, all_captions
```

3. 图片描述文字的处理

　　使用 Tokenizer 对象对图像描述文本进行序列化，将描述文本转换为整数序列。调用 create_word_dict(train_captions, val_captions) 函数，创建一个 Tokenizer 对象，构建单词索引字典和词汇表，将描述文本转换为整数序列，并填充序列到相同长度。这里会生成两个序列，一个是 word_to_index(Tokenizer 对象自动生成的单词索引字典)，另一个是 index_to_word(将每个单词映射到一个整数索引，反向字典)，可以使用 pickle 包保存字典以方便后面使用。

```
1.  def create_word_dict(train_captions, val_captions):
2.      tokenizer = Tokenizer(num_words=5000, oov_token='<unk>')
3.      train_captions = ['<start> ' + caption + ' <end>' for caption in train_captions]
```

```
4.    val_captions = ['<start> ' + caption + ' <end>' for caption in val_captions]
5.    tokenizer.fit_on_texts(train_captions)
6.    word_to_index = tokenizer.word_index
7.    word_to_index['<start>'] = len(word_to_index) + 1
8.    word_to_index['<end>'] = len(word_to_index) + 2
9.    max_length = max(len(caption.split()) for caption in train_captions)
10.   train_sequences = tokenizer.texts_to_sequences(train_captions)
11.   val_sequences = tokenizer.texts_to_sequences(val_captions)
12.   train_sequences = pad_sequences(train_sequences, maxlen=max_length, padding='post')
13.   val_sequences = pad_sequences(val_sequences, maxlen=max_length, padding='post')
14.   word_to_index = tokenizer.word_index
15.   index_to_word = {v: k for k, v in word_to_index.items()}
16.   print(train_sequences.shape)
17.   # 将 word_to_index 保存到 JSON 文件
18.   with open('word_to_index.json', 'w') as json_file:
19.       json.dump(word_to_index, json_file)
20.   with open('index_to_word.json', 'w') as json_file:
21.       json.dump(index_to_word, json_file)
22.
23.   return max_length, word_to_index, train_sequences, val_sequences
```

4. 提取图像特征

使用预训练的 InceptionV3 模型提取图像特征。extract_image_features(image_files, image_dir, image_features_extract_model) 函数：加载图像并进行预处理，提取图像特征。

```
1.    # 提取图像特征
2.    def extract_image_features(image_files, image_dir, image_features_extract_model):
3.        features = {}
4.        for img_file in image_files:
5.            img_path = os.path.join(image_dir, img_file)
6.            if not os.path.exists(img_path):
7.                print(f"Warning: {img_path} does not exist.")
8.                continue
9.            img = load_image(img_path)
10.           img = np.expand_dims(img, axis=0)
11.           img_features = image_features_extract_model.predict(img)
12.           features[img_file] = img_features
13.       return features
```

三、模型结构

首先，使用 InceptionV3 提取图像特征，通过全局平均池化和全连接层处理后，得到一个 256 维的图像特征向量。然后，使用嵌入层将文本序列转换为嵌入向量，经过两个 LSTM 层处理后，得到一个 256 维的文本特征向量。接着，将图像特征和文本特征连接起来，形成一个包含 512 个维度的特征向量，通过全连接层和 softmax 输出层，预测每个单词在词汇表中的概率分布。最后，使用稀疏分类交叉熵损失函数和 Adam 优化器编译模型。模型最终输出的 (None, 10000) 表示模型的输出形状，表示每次运行时会输出一个批次中每个样本对应的 10000 个词汇的概率分布。模型结构如图 6-12 所示。

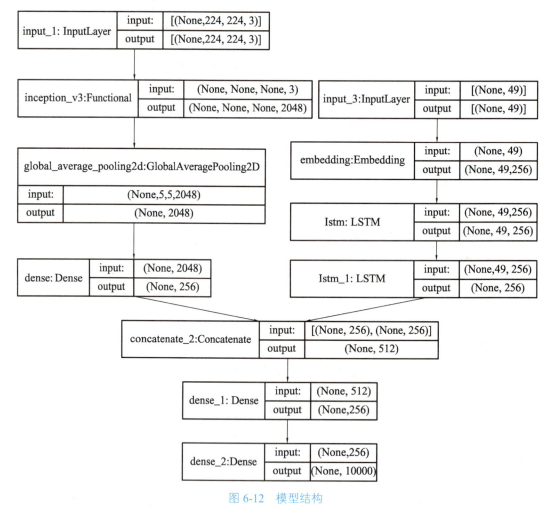

图 6-12　模型结构

1. 定义输入

模型输入包括图像输入和文本输入。

image_input: 接受形状为 (224, 224, 3) 的图像输入，这里的 (224, 224, 3) 表示输入图像的高度、宽度和通道数（RGB 图像）。

text_input: 接受形状为 (max_length,) 的文本输入，max_length 表示文本序列的最大长度。

2. 图像特征提取

InceptionV3: 使用预训练的 InceptionV3 模型（不包括顶部全连接层）来提取图像特征。include_top = False 表示去掉顶部的分类层，只保留卷积基。

GlobalAveragePooling2D: 将 InceptionV3 的输出进行全局平均池化，将特征图转换为一维特征向量。这有助于减少特征维度并避免过拟合。

Dense(256, activation='relu'): 添加一个全连接层，包含 256 个神经元，激活函数为 ReLU。这个全连接层将图像特征的维度调整为 256。

image_features: 最终的图像特征向量，包含 256 维度的特征。

3. 文本特征提取

定义 Embedding(vocab_size, 256)，将输入的文本序列转换为稠密的嵌入向量，词汇表大小为 vocab_size，嵌入向量的维度为 256。

定义 LSTM(256, return_sequences = True)，添加一个 LSTM 层，输出包含 256 个维度，并返回每个时间步的输出序列。

定义 LSTM(256, return_sequences = False)添加另一个 LSTM 层，输出包含 256 个维度，并只返回最后一个时间步的输出（即整个序列的特征）。

返回 text_features: 最终的文本特征向量，包含 256 维度的特征。

4. 图像和文本特征融合

将图像特征和文本特征沿轴 1 进行连接，形成一个包含 512 个维度的特征向量（256+256）。

定义 Dense(256,activation = 'relu')，添加一个全连接层，包含 256 个神经元，激活函数为 ReLU。这一层将融合后的特征向量进一步处理。

定义 Dense(vocab_size,activation = 'softmax')，添加一个输出层，包含 vocab_size 个神经元，激活函数为 softmax。这个输出层将预测每个单词在词汇表中的概率分布。

5. 模型编译

使用稀疏分类交叉熵损失函数（适用于目标值为整数标签的多分类问题），优化器为 Adam。

```
1.  # 提取图像特征，创建图像编码模型
2.  def create_model(train_img_names, train_image_dir, val_img_names, val_image_dir,max_
length, word_to_index):
3.    image_model = tf.keras.applications.InceptionV3(include_top=False, weights='imagenet')
4.    new_input = image_model.input
5.
6.    hidden_layer = image_model.layers[-1].output
7.    image_features_extract_model = tf.keras.Model(inputs=new_input, outputs=hidden_layer)
8.
9.    # 提取图像特征，避免重复计算
10.   if os.path.exists('train_image_features.npy') and os.path.exists('val_image_features.npy'):
```

```
11.        train_image_features = np.load('train_image_features.npy', allow_pickle=True).item()
12.        val_image_features = np.load('val_image_features.npy', allow_pickle=True).item()
13.    else:
14.        train_image_features = extract_image_features(train_img_names, train_image_dir, image_features_extract_model)
15.        val_image_features = extract_image_features(val_img_names, val_image_dir, image_features_extract_model)
16.        np.save('train_image_features.npy', train_image_features)
17.        np.save('val_image_features.npy', val_image_features)
18.    #多 GPU
19.    strategy = tf.distribute.MirroredStrategy()
20.    with strategy.scope():
21.        image_input = Input(shape=(8, 8, 2048))
22.        image_flatten = GlobalAveragePooling2D()(image_input)
23.        image_dense = Dense(256, activation='relu')(image_flatten) #新增全连接层，匹配文本特征的维度
24.
25.        text_input = Input(shape=(max_length,))
26.        embedding = Embedding(input_dim=len(word_to_index) + 1, output_dim=256)(text_input)
27.        lstm = LSTM(256, return_sequences=True)(embedding)
28.        lstm = Dropout(0.5)(lstm)
29.        lstm = LSTM(256)(lstm)
30.
31.        decoder1 = Add()([image_dense, lstm])
32.        decoder2 = Dense(256, activation='relu')(decoder1)
33.        outputs = Dense(len(word_to_index) + 1, activation='softmax')(decoder2)
34.
35.        model = Model(inputs=[image_input, text_input], outputs=outputs)
36.        model.compile(loss='categorical_crossentropy', optimizer='adam')
37.
38.        # 尝试加载已有的权重
39.        if os.path.exists(checkpoint_path):
40.            model.load_weights(checkpoint_path)
41.    # 绘制模型图
42.    model.summary()
43.    plot_model(model, to_file=os.path.join(model_dir, './model_architecture.png'), show_shapes=True,
44.               show_layer_names=True)
45.    return model, train_image_features, val_image_features
```

四、训练、保存模型

定义数据生成器 data_generator 批量生成训练数据，训练模型工程中使用断点继训，在训练过程保存每一轮次的训练权重。最后保存最优的模型权重、结构和训练历史。

```
1.  # 创建数据生成器
2.  def data_generator(image_features, sequences, img_names, batch_size, max_length, word_to_
index):
3.      n = len(sequences)
4.      while True:
5.        for i in range(0, n, batch_size):
6.          X_image, X_seq, y = [], [], []
7.          for j in range(i, min(n, i + batch_size)):
8.            seq = sequences[j]
9.            img_id = img_names[j]
10.           if img_id not in image_features:
11.             print(f'Warning: Missing features for {img_id}') # 警告缺失的图像特征
12.             print(f"img_features shape: {img_features.shape}")
13.             print(f"seq shape: {seq.shape}")
14.             continue
15.           img_features = image_features[img_id][0]
16.           for k in range(1, len(seq)):
17.             X_image.append(img_features)
18.             X_seq.append(seq[:k])
19.             y.append(to_categorical(seq[k], num_classes=len(word_to_index) + 1))
20.         X_image = np.array(X_image)
21.         X_seq = pad_sequences(X_seq, maxlen=max_length, padding='post')
22.         y = np.array(y)
23.         yield [X_image, X_seq], y
24.
25.
26.
27. def train_model(model, train_image_features, train_sequences, val_image_features,val_sequences,
train_img_names,
28.          val_img_names, max_length, word_to_index):
29.     checkpoint_save_path = "../checkpoint/model.ckpt"
30.     history_save_path = "../history/history.pkl"
31.     if os.path.exists(checkpoint_save_path + '.index'): # index:
32.       print('------------------------load the model------------------------')
```

```
33.        model.load_weights(checkpoint_save_path) # 加载模型
34.      batch_size = 16 # 减小批处理大小
35.    train_generator = data_generator(train_image_features, train_sequences, train_img_names, batch_size, max_length,
36.                        word_to_index)
37.    val_generator = data_generator(val_image_features, val_sequences, val_img_names, batch_size, max_length,
38.                        word_to_index)
39.    checkpoint = ModelCheckpoint(
40.       filepath=checkpoint_path,
41.       monitor='loss',
42.       verbose=1,
43.       save_best_only=True,
44.       save_weights_only=True, # 只保存 weight
45.       mode='min')
46.    history_saver = HistorySaver(history_save_path)
47.    #多 GPU 训练
48.    strategy = tf.distribute.MirroredStrategy()
49.    with strategy.scope():
50.      his =model.fit(
51.         train_generator,
52.         epochs=10, # 减少训练轮数
53.         steps_per_epoch=len(train_sequences) // batch_size,
54.         validation_data=val_generator,
55.         validation_steps=len(val_sequences) // batch_size,
56.         verbose=1,
57.         callbacks=[checkpoint,history_saver]
58.       )
59.    return his,model
60.
61.
62. def preprocess_image(img_path):
63.    img = Image.open(img_path).resize((299, 299)).convert('RGB')
64.    img = np.array(img) / 255.0
65.    img = np.expand_dims(img, axis=0)
66.    return img
67.
68.
69. def idx_to_word(idx_sequence, index_to_word):
```

```python
70.    return ' '.join([index_to_word[idx] for idx in idx_sequence if idx in index_to_word])
71.
72.
73. def generate_caption(model, image_features_extract_model, img_path, max_length, word_to_index, index_to_word):
74.    img = preprocess_image(img_path)
75.    img_features = image_features_extract_model.predict(img)
76.    img_features = np.reshape(img_features, (1, img_features.shape[1], img_features.shape[2], img_features.shape[3]))
77.
78.    caption = [word_to_index['<start>']]
79.    for _ in range(max_length):
80.        seq = pad_sequences([caption], maxlen=max_length, padding='post')
81.        preds = model.predict([img_features, seq], verbose=0)
82.        next_word_idx = np.argmax(preds[0])
83.        caption.append(next_word_idx)
84.
85.        if next_word_idx == word_to_index['<end>']:
86.            break
87.
88.    return idx_to_word(caption, index_to_word)
89.
90.
91. #保存模型
92. def save_model(his,model):
93.    #输出网络架构
94.    model.summary()
95.    #保存权重参数与网络模型
96.    model.save('../model/laji_model.h5')
97.    #保存权重参数
98.    model.save_weights("./save_weights/resNet_101.ckpt", save_format="tf")
99.    #保存网络架构
100.    config = model.to_json()
101.    with open('../model/config.json', 'w') as json:
102.        json.write(config)
103.    with open('../history/historysll.txt', 'wb') as file_txt:
104.        pickle.dump(his.history, file_txt)
105.
106. if __name__ == '__main__':
```

```
107.    #data_dir = "../data"
108.    data_dir = "F:/MSCOCO"
109.
110.    train_img_names, train_captions, val_img_names, val_captions, coco_train, coco_val, trai
n_image_dir, val_image_dir = load_file(
111.        data_dir) # 使用较小的数据集进行初步训练
112.    max_length, word_to_index, train_sequences, val_sequences = create_word_dict(train_ca
ptions, val_captions)
113.    index_to_word = {v: k for k, v in word_to_index.items()}
114.
115.    model, train_image_features, val_image_features = create_model(train_img_names, train
_image_dir, val_img_names,
116.                                    val_image_dir, max_length, word_to_index)
117.
118.    his,model=train_model(model, train_image_features, train_sequences, val_image_features,
val_sequences, train_img_names,
119.            val_img_names, max_length, word_to_index)
120.    save_model(his, model)
```

代码运行后按照设定的学习率进行训练，每个轮次训练结束，输出训练集损失和验证集损失，输出并保存每次的权重参数，最后保存模型为.h5 格式，如图 6-13 所示。

```
Epoch 1/10
2024-07-18 19:01:56.517204: I tensorflow/stream_executor/cuda/cuda_dnn.cc:369] Loaded cuDNN version
2024-07-18 19:01:56.542499: I tensorflow/stream_executor/cuda/cuda_blas.cc:1760] TensorFloat-32 wil
51764/51764 [==============================] - 10994s 212ms/step - loss: 0.5758 - val_loss: 0.6654

Epoch 00001: loss improved from inf to 0.57581, saving model to ../checkpoint\model.ckpt
Epoch 2/10
51764/51764 [==============================] - 11354s 219ms/step - loss: 0.5707 - val_loss: 0.6580

Epoch 00002: loss improved from 0.57581 to 0.57065, saving model to ../checkpoint\model.ckpt
Epoch 3/10
51764/51764 [==============================] - 11127s 215ms/step - loss: 0.5662 - val_loss: 0.6555

Epoch 00003: loss improved from 0.57065 to 0.56622, saving model to ../checkpoint\model.ckpt
Epoch 4/10
51764/51764 [==============================] - 11079s 214ms/step - loss: 0.5624 - val_loss: 0.6547

Epoch 00004: loss improved from 0.56622 to 0.56237, saving model to ../checkpoint\model.ckpt
Epoch 5/10
51764/51764 [==============================] - 10690s 207ms/step - loss: 0.5588 - val_loss: 0.6537

Epoch 00005: loss improved from 0.56237 to 0.55884, saving model to ../checkpoint\model.ckpt
Epoch 6/10
51764/51764 [==============================] - 10948s 211ms/step - loss: 0.5559 - val_loss: 0.6512

Epoch 00006: loss improved from 0.55884 to 0.55586, saving model to ../checkpoint\model.ckpt
Epoch 7/10
51764/51764 [==============================] - 11060s 214ms/step - loss: 0.5532 - val_loss: 0.6503
```

```
Epoch 00007: loss improved from 0.55586 to 0.55315, saving model to ../checkpoint\model.ckpt
Epoch 8/10
51764/51764 [==============================] - 12269s 237ms/step - loss: 0.5506 - val_loss: 0.6522

Epoch 00008: loss improved from 0.55315 to 0.55060, saving model to ../checkpoint\model.ckpt
Epoch 9/10
51764/51764 [==============================] - 11856s 229ms/step - loss: 0.5483 - val_loss: 0.6499

Epoch 00009: loss improved from 0.55060 to 0.54829, saving model to ../checkpoint\model.ckpt
Epoch 10/10
51764/51764 [==============================] - 10888s 210ms/step - loss: 0.5461 - val_loss: 0.6487

Epoch 00010: loss improved from 0.54829 to 0.54611, saving model to ../checkpoint\model.ckpt
```

图 6-13　模型训练结果

五、加载模型生成图像描述

首先加载图片描述文字词典和序列，创建 create_word_dict 函数，根据训练和验证集的描述创建一个 Tokenizer 对象，并限制词汇表大小为 5000。

定义 load_trained_model 函数加载模型，同时使用 load_trained_model 函数加载预训练的 InceptionV3 模型，并从中提取图像特征。然后，构建一个带有嵌入层和 LSTM 的模型，用于将图像特征与文本序列结合以生成描述。

定义 generate_caption 函数接收模型、图像特征提取模型、图像路径等参数。预处理输入图像并提取图像特征，初始化描述序列，并逐步生成下一个单词，直到遇到结束标记<end>或达到最大长度，最终根据给定图像路径，生成该图像的描述。

```
1.  # -*- coding:utf-8 -*-
2.  # @Time: 2024/6/9 22:53
3.  # @Author: 张明
4.  # @Email: 455655600@qq.com
5.  # @File: predict.py
6.  # @Dec:
7.  import os
8.  import numpy as np
9.  import tensorflow as tf
10. from tensorflow.keras.preprocessing.sequence import pad_sequences
11. from tensorflow.keras.preprocessing.image import load_img, img_to_array
12. from PIL import Image
13. from pycocotools.coco import COCO
14. from keras.preprocessing.text import Tokenizer
15.
16. # 设置模型路径
17. checkpoint_path = '../model/model_checkpoint.h5'
```

```
18.
19. def load_file(data_dir):
20.    train_image_dir = os.path.join(data_dir, 'train2014')
21.    val_image_dir = os.path.join(data_dir, 'val2014')
22.    train_annotation_file = os.path.join(data_dir, 'annotations_trainval2014/annotations/captions_train2014.json')
23.    val_annotation_file = os.path.join(data_dir, 'annotations_trainval2014/annotations/captions_val2014.json')
24.    #通过COCOAPI加载注释文件，创建COCO数据集对象coco_train和coco_val
25.    coco_train = COCO(train_annotation_file)
26.    coco_val = COCO(val_annotation_file)
27.    train_img_names, train_captions = load_image_descriptions(coco_train)
28.    val_img_names, val_captions = load_image_descriptions(coco_val)
29.    return train_img_names, train_captions, val_img_names, val_captions, coco_train, coco_val, train_image_dir, val_image_dir
30.
31. def load_image_descriptions(coco):
32.    all_captions = []
33.    all_img_names = []
34.    #img_ids获取COCO数据集中前num_samples个图像的ID
35.    img_ids = list(coco.imgToAnns.keys())
36.
37.    for img_id in img_ids:
38.        for ann in coco.imgToAnns[img_id]:
39.            caption = ann["caption"]
40.            img_filename = coco.loadImgs(img_id)[0]['file_name']
41.            all_img_names.append(img_filename)
42.            all_captions.append(caption)
43.    return all_img_names, all_captions
44.
45.
46. def load_trained_model(max_length, word_to_index):
47.    image_model = tf.keras.applications.InceptionV3(include_top=False, weights='imagenet')
48.    new_input = image_model.input
49.    hidden_layer = image_model.layers[-1].output
50.    image_features_extract_model = tf.keras.Model(inputs=new_input, outputs=hidden_layer)
51.
52.    image_input = tf.keras.layers.Input(shape=(8, 8, 2048))
53.    image_flatten = tf.keras.layers.GlobalAveragePooling2D()(image_input)
```

```
54.    image_features_dense = tf.keras.layers.Dense(256, activation='relu')(image_flatten)  #  将
图像特征映射到 256 维
55.
56.    text_input = tf.keras.layers.Input(shape=(max_length,))
57.    embedding = tf.keras.layers.Embedding(input_dim=len(word_to_index) + 1, output_dim=2
56)(text_input)
58.    lstm = tf.keras.layers.LSTM(256, return_sequences=True)(embedding)
59.    lstm = tf.keras.layers.Dropout(0.5)(lstm)
60.    lstm = tf.keras.layers.LSTM(256)(lstm)
61.
62.    decoder1 = tf.keras.layers.Add()([image_features_dense, lstm])
63.    decoder2 = tf.keras.layers.Dense(256, activation='relu')(decoder1)
64.    outputs = tf.keras.layers.Dense(len(word_to_index) + 1, activation='softmax')(decoder2)
65.
66.    model = tf.keras.Model(inputs=[image_input, text_input], outputs=outputs)
67.    model.compile(loss='categorical_crossentropy', optimizer='adam')
68.
69.    # 加载模型权重
70.    model.load_weights(checkpoint_path)
71.    return model, image_features_extract_model
72.
73.
74. def create_word_dict(train_captions, val_captions):
75.    #创建一个 Tokenizer 对象，限制词汇表的大小为 5000 个词，
76.    # 并指定一个特殊的 OOV（Out - Of - Vocabulary）标记 < unk > 用于处理未登录词
77.    tokenizer = Tokenizer(num_words=5000, oov_token='<unk>')
78.    train_captions = ['<start> ' + caption + ' <end>' for caption in train_captions]
79.    val_captions = ['<start> ' + caption + ' <end>' for caption in val_captions]
80.
81.    tokenizer.fit_on_texts(train_captions)
82.    word_to_index = tokenizer.word_index
83.    word_to_index['<start>'] = len(word_to_index) + 1
84.    word_to_index['<end>'] = len(word_to_index) + 2
85.    max_length = max(len(caption.split()) for caption in train_captions)
86.
87.    train_sequences = tokenizer.texts_to_sequences(train_captions)
88.    val_sequences = tokenizer.texts_to_sequences(val_captions)
89.
90.    train_sequences = pad_sequences(train_sequences, maxlen=max_length, padding='post')
```

```
91.    val_sequences = pad_sequences(val_sequences, maxlen=max_length, padding='post')
92.
93.    word_to_index = tokenizer.word_index
94.    index_to_word = {v: k for k, v in word_to_index.items()}
95.    print(train_sequences.shape)
96.
97.    return max_length, word_to_index, train_sequences, val_sequences
98. # 加载图像并进行预处理
99. #该函数将输入图像进行预处理
100. #调整图像大小为 299 × 299
101. #转换为 RGB 格式
102. #归一化图像像素值
103. #添加批量维度
104. def preprocess_image(img_path):
105.    img = Image.open(img_path).resize((299, 299)).convert('RGB')
106.    img = np.array(img) / 255.0
107.    img = np.expand_dims(img, axis=0)
108.    return img
109.
110. # 将索引序列转换为单词序列
111. #该函数将预测得到的索引序列转换为单词序列
112. def idx_to_word(idx_sequence, index_to_word):
113.    return ' '.join([index_to_word[idx] for idx in idx_sequence if idx in index_to_word])
114.
115. # 生成描述
116. #对输入图像进行预处理和特征提取
117. #初始化描述列表，包含开始标记 <start>
118. #循环生成下一个单词，直到达到最大长度或遇到结束标记 <end>
119. #将索引序列转换为单词序列
120. def generate_caption(model, image_features_extract_model, img_path, max_length, word_
to_index, index_to_word):
121.    img = preprocess_image(img_path)
122.    img_features = image_features_extract_model.predict(img)
123.    img_features = np.reshape(img_features, (1, img_features.shape[1], img_features.shape[2],
img_features.shape[3]))
124.
125.    caption = [word_to_index['<start>']]
126.    for _ in range(max_length):
127.        seq = pad_sequences([caption], maxlen=max_length, padding='post')
```

```
128.        preds = model.predict([img_features, seq], verbose=0)
129.        next_word_idx = np.argmax(preds[0])
130.        caption.append(next_word_idx)
131.
132.        if next_word_idx == word_to_index['<end>']:
133.            break
134.
135.    return idx_to_word(caption, index_to_word)
136.
137. #加载并处理数据集
138. #创建字典、模型和特征提取模型
139. #调用 generate_caption 函数生成图像描述
140. if __name__ == '__main__':
141.    data_dir = "G:/MSCOCO"
142.    train_img_names, train_captions, val_img_names, val_captions, coco_train, coco_val, train_image_dir, val_image_dir = load_file(data_dir)
143.    max_length, word_to_index, train_sequences, val_sequences = create_word_dict(train_captions, val_captions)
144.    index_to_word = {v: k for k, v in word_to_index.items()}
145.    model, image_features_extract_model = load_trained_model(max_length, word_to_index)
146.
147.    # 预测图像描述
148.    img_path = './123.jpg'
149.    caption = generate_caption(model, image_features_extract_model, img_path, max_length, word_to_index, index_to_word)
150.    print("Generated Caption:", caption)
```

代码加载了图片 123.jpg，如图 6-14 所示。

图 6-14　加载的图片

代码首先生成单词字典，然后调用模型生成图片的文字摘要说明"Generated Caption: <start> bear sitting on a rock in a park end"，其中 <start>和 end 为起始终止标识符，代码运行结果如图 6-15 所示。

```
loading annotations into memory...
Done (t=1.58s)
creating index...
index created!
loading annotations into memory...
Done (t=0.58s)
creating index...
index created!
(414113, 51)
2024-07-23 22:16:29.293648: I tensorflow/core/platform/cpu_feature_guard.cc:142] This T
To enable them in other operations, rebuild TensorFlow with the appropriate compiler fl
2024-07-23 22:16:30.420678: I tensorflow/core/common_runtime/gpu/gpu_device.cc:1510] Cr
WARNING:tensorflow:Error in loading the saved optimizer state. As a result, your model
2024-07-23 22:16:33.295814: I tensorflow/compiler/mlir/mlir_graph_optimization_pass.cc:
2024-07-23 22:16:35.381650: I tensorflow/stream_executor/cuda/cuda_dnn.cc:369] Loaded c
2024-07-23 22:16:40.993802: I tensorflow/stream_executor/cuda/cuda_blas.cc:1760] Tensor
Generated Caption: <start> plane flying in clear blue sky with a sky background end
```

图 6-15　生成图片的摘要

任务 ⑦　使用对抗神经网络生成图片

【任务导入】

对抗神经网络在图像生成和增强方面有广泛的实际应用。首先，可以通过生成多样化的图像数据来扩展数据集，提升机器学习模型的泛化能力。其次，能够生成高质量的图像，包括人脸、风景、动物和物体，这在娱乐、艺术创作、电影特效和游戏场景中具有重要意义。它们还能用于图像修复和超分辨率重建，提高图像的清晰度和细节，在恢复老旧照片、医学影像和卫星图像处理上效果显著。

对抗神经网络的风格迁移能力使其广泛应用于艺术创作和图像处理，如将照片转化为油画或卡通风格。在虚拟现实（VR）和增强现实（AR）中。此外，它还可生成逼真的虚拟环境和对象，提升用户体验，在医学领域，用于生成和增强医学图像，辅助诊断和治疗规划；在自动驾驶领域，生成多样化的交通场景，帮助训练和测试自动驾驶算法。本任务利用已有的手写字体数据集，使用 DCGAN 深度卷积生成对抗网络生成手写字体的图片。

知识目标

（1）了解 DCGAN 基本原理。
（2）掌握 DCGAN 的架构。
（3）掌握 DCGAN 的工作原理。
（4）掌握生成器、判别器的工作原理。

能力目标

（1）能调用 DCGAN 模型。
（2）能完成 DCGAN 模型的训练。

拓展能力

能按照任务要求搭建生成器、判别器模型。

什么是 GAN（生成对抗网络）？

GAN 是生成对抗网络（Generative Adversarial Network，GAN）的简称，是一种深度学习模型架构，由两个主要部分组成：生成器（Generator）和判别器（Discriminator），如图 7-1 所示。

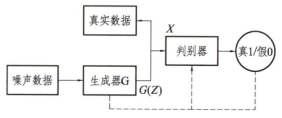

图 7-1　生成对抗网络的基本结构

生成器接收随机噪声或其他输入作为输入，并尝试生成看起来像真实数据（如图像、文本等）的输出。生成器的目标是尽可能欺骗判别器，使其无法区分生成的假数据和真实数据。判别器（Discriminator）类似于一个二元分类器，它接收真实数据（如真实图像）和生成器生成的假数据作为输入，并尝试区分它们。判别器的目标是正确地将真实数据和生成的假数据分类。

GAN 的核心思想是通过两个相互对抗的神经网络进行训练：生成器和判别器在训练过程中不断竞争和优化，这种对抗性的过程推动了两个模型的能力提升，最终使得生成器能够生成逼真的数据，而判别器也变得更加准确地判断真实与假的数据。

GAN 的优势在于可以生成高质量的数据，如逼真的图像、自然语言文本或音频等，而无须显式的规则或人工特征工程。它在计算机视觉、自然语言处理和音频处理等领域都有广泛的应用，包括图像生成、图像修复、图像转换、图像超分辨率等任务。

【任务知识】

一、深度卷积生成对抗网络（DCGAN）

深度卷积生成对抗网络（Deep Convolutional GAN，DCGAN）是一种生成对抗网络（GAN）的变体，它结合了卷积神经网络（CNN）的特性和生成对抗网络的框架，能够有效地生成逼真的高分辨率图像，特别适用于图像生成任务。它是由生成器和判别器组成。

生成器：DCGAN 的生成器使用卷积转置层（Convolutional Transpose Layer，也称为反卷积层）来从随机噪声生成图像。它接受低维的随机向量作为输入，逐步上采样和处理，最终输出与真实图像相似的高分辨率图像。

判别器：DCGAN 的判别器是一个卷积神经网络分类器，用于区分生成器生成的图像与真实图像。它接收图像作为输入，通过卷积层提取特征，并输出一个概率，表示输入图像是真实图像的概率。

DCGAN 通常采用卷积层替代池化层来实现上采样和下采样，这样可以避免生成图像中出现的伪影和失真问题，同时保持图像的空间信息。在生成器和判别器中广泛使用批量归一化（Batch Normalization），有助于加速训练过程，提升生成图像的质量和稳定性。

生成器和判别器的损失函数通常采用交叉熵（Cross Entropy），用于衡量生成器生成图像的真实度和判别器判断的准确性。训练过程中，生成器和判别器的优化目标是互相对抗，即生成器尽量生成更逼真的图像，而判别器尽量准确地区分真实和生成的图像。

二、DCGAN 生成器

生成器结构通常包括一系列的反卷积（转置卷积）层、批归一化层和激活函数（通常是 ReLU 和 Tanh）。生成器的目标是将一个低维度的噪声向量转换成逼真的高维度图像。

1. DCGAN 生成器结构

深度卷积生成对抗网络（DCGAN）的生成器采用了卷积转置层，从低维随机噪声生成逼真的高分辨率图像。图 7-2 所示为典型的 DCGAN 生成器的结构。

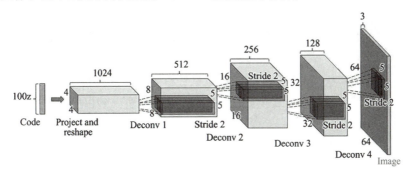

图 7-2　DCGAN 生成器

例如使用 DCGAN 生成手写字体图像（28 × 28 × 1），构建的生成器包括输入层、全连接层、重塑层、反卷积层和输出层 5 个部分。

2. 输入层和全连接层

输入是一个低维的随机向量（通常是 100 维），作为生成器的输入。输入通过一个全连接层，将其映射到一个与卷积层兼容的高维特征空间，例如 7 × 7 × 256。这里使用了批量归一化和 LeakyReLU 激活函数，有助于加速训练过程和增强模型的稳定性。

```
1.   layers.Dense(7 * 7 * 256, use_bias=False, input_shape=(noise_dim,)),
2.       layers.BatchNormalization(),
3.       layers.LeakyReLU(),
```

3. 重塑层、反卷积操作

接下来，通过重塑层（Reshape Layer），将全连接层的输出转换为 3D 张量，例如将稠密的 7 × 7 × 256 向量转换为形状为(7, 7, 256)的 3D 张量。

```
1.  layers.Reshape((7, 7, 256)),
```

使用卷积转置层将稠密的 3D 张量逐步转换为更大尺寸的图像。这些层通过学习过程中的反卷积操作，将特征映射从低维度空间（如 7×7）转换为高分辨率图像。通常使用合适的步幅（strides）、填充（padding）和激活函数（LeakyReLU）来逐步上采样图像，并通过批量归一化层来稳定和加速训练过程。典型的反卷积层设置如下：

```
1.  layers.Conv2DTranspose(128, (5, 5), strides=(1, 1), padding='same', use_bias=False),
2.      layers.BatchNormalization(),
3.      layers.LeakyReLU(),
4.  yers.Conv2DTranspose(64, (5, 5), strides=(2, 2), padding='same', use_bias=False),
5.      layers.BatchNormalization(),
6.      layers.LeakyReLU(),
```

5. 输出层

最后一层是输出层，通常使用 tanh 激活函数来生成[-1，1]范围内的像素值，对应于图像的灰度值或彩色通道。这层输出的形状将取决于所需生成图像的尺寸和通道数。

```
layers.Conv2DTranspose(1, (5, 5), strides=(2, 2), padding='same', use_bias=False, activation='tanh')
```

DCGAN 生成器能够从随机噪声中学习到数据分布的特征，并生成与训练数据相似的高质量图像。这种结构设计的关键在于逐步上采样和特征提取过程，确保生成的图像具有良好的视觉效果和逼真度。

三、DCGAN 判别器

1. 判别器的作用

判别器的作用至关重要。其主要功能是区分真实数据和生成数据，从而指导生成器生成更加逼真的数据。

判别器的主要任务是接收输入数据，并判断该数据是来自真实的训练数据集还是生成器生成的伪造数据，其输出通常是一个概率值，表示输入数据是真实数据的概率。

通过对生成器生成的数据进行判别，判别器为生成器提供反馈信号，生成器根据这些反馈不断调整自身参数，优化生成数据，使其更接近真实数据分布。

在训练过程中，生成器和判别器进行"对抗"训练，生成器试图生成逼真的数据以欺骗判别器，而判别器则尽力提高判别准确率，这种对抗机制推动生成器生成更逼真的数据，提升 GAN 的整体表现。

2. DCGAN 判别器结构

DCGAN 的判别器通常包括一系列卷积层、批归一化层、激活函数（通常是 Leaky ReLU）以及全连接层，最终输出一个用于判别输入图像是输入参数，如图 7-3 所示。

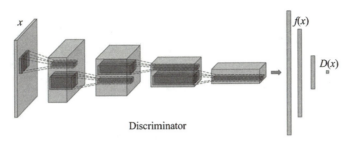

图 7-3 DCGAN 判别器

定义一个类，生成判别器的基本结构，代码如下：

```
1.  def __init__(self):
2.      super(Discriminator, self).__init__()
3.      self.conv1 = layers.Conv2D(64, 5, strides=2, padding='SAME')
4.      self.bn1 = layers.BatchNormalization()
5.      self.conv2 = layers.Conv2D(128, 5, strides=2, padding='SAME')
6.      self.bn2 = layers.BatchNormalization()
7.      self.flatten = layers.Flatten()
8.      self.fc1 = layers.Dense(1024)
9.      self.bn3 = layers.BatchNormalization()
10.     self.fc2 = layers.Dense(2)
```

3. DCGAN 判别器输入

判别器从训练集或者生成器中获取输入的数据，例如在生成手写字体识别图片时，输入的是一张手写字体的图片，大小为(28, 28, 1)，输入层通常使用 reshape 函数将输入图像重新形状变换，例如 reshape(x, [-1, 28, 28, 1])。

4. 全连接层和批归一化层

在判别器中通常使用判别器块来逐步减少图像的尺寸并增加通道数，从而提取特征。每个判别器块包括一个卷积层、一个批归一化层和一个 LeakyReLU 激活函数，可以包含多个块。

下面的代码中，定义了两个判别器块，每个判别器块包括一个卷积层和一个批归一化层。

```
1.  def call(self, x, is_training=False):
2.      x = tf.reshape(x, [-1, 28, 28, 1])
3.      x = self.conv1(x)
4.      x = self.bn1(x, training=is_training)
5.      x = tf.nn.leaky_relu(x)
6.      x = self.conv2(x)
7.      x = self.bn2(x, training=is_training)
8.      x = tf.nn.leaky_relu(x)
9.      x = self.flatten(x)
```

```
10.    x = self.fc1(x)
11.    x = self.bn3(x, training=is_training)
12.    x = tf.nn.leaky_relu(x)
13.    return self.fc2(x)
```

5. 输出

判别器模型通过卷积层提取图像特征，经归一化层提高训练的稳定性、全连接层进行分类，最终输出 2 个神经元的结果，用于二分类任务，激活函数使用 Leaky ReLU。

四、DCGAN 生成器的损失计算

1. 生成器的损失

生成器的目标是生成足够真实的照片，以欺骗判别器，使其认为这些生成的图像是真实的。生成器希望最大化判别器对生成图像的分类为真实图像的概率，也就是生成器表现良好，判别器会把生成的图片判别为真实的图片（或者 1）。

2. 计算方法

这里使用 sparse_softmax_cross_entropy_with_logits(logits, labels) 函数计算损失，它需要传入两个参数：logits，形状为[batch_size, num_classes]的浮点型张量，表示模型的未归一化预测值（即逻辑回归的输入值）；Labels，形状为 [batch_size] 的整数型张量，表示每个样本的真实标签。标签值范围为 [0, num_classes)。它返回一个形状为 [batch_size] 的张量，表示每个样本的交叉熵损失。

对于生成器，要求 Labels 的值为 1，所以这里使用 labels = tf.ones([batch_size], dtype = tf.int32) 生成标签，logits 的值是经过生成输出的值 reconstructed_image。

得到的形状为 [batch_size] 的张量，返回一个包含每个样本损失的张量。最后使用 tf.reduce_mean 对所有样本的损失求平均，得到最终的平均损失值。

sparse_softmax_cross_entropy_with_logits 函数广泛用于多分类任务中的模型训练，如图像分类、文本分类等。当类别标签是稀疏的整数编码时（而不是 one-hot 编码），使用该函数可以方便地计算损失。

五、DCGAN 判别器的损失计算

1. 判别器损失作用

判别器在生成对抗网络（GAN）中的作用是对输入的数据进行分类，判断其是来自真实数据分布还是生成器生成的假数据。判别器的损失函数设计是为了使其能够有效地区分真实数据和生成数据，从而指导生成器的训练过程。

判别器接收输入数据，可以是真实数据（从训练集中来）或者生成器生成的数据（通过生成器产生的假数据）。输出是一个单值（或概率），表示判别器认为输入数据是真实数据的可能性。

对于真实数据,判别器应该输出一个接近于 1 的值,表示它将真实数据判别为真实的概率。对于生成数据,判别器应该输出一个接近于 0 的值,表示它将生成的假数据判别为假的概率。

判别器的总体损失是真实数据损失和生成数据损失的加和,反映了判别器在区分真实数据和生成数据方面的性能。

2. 判别器损失计算方法

计算判别器损失需要两个值:disc_fake,表示判别器对生成数据的输出和;disc_real,表示判别器对真实数据的输出。先计算判别器对真实数据的损失,logits = disc_real 是判别器对真实数据的输出,labels = tf.ones([batch_size], dtype = tf.int32) 是全为 1 的标签,表示这些数据是真实的。

计算判别器对生成数据的损失,logits = disc_fake 是判别器对生成数据的输出,labels = tf.zeros([batch_size], dtype = tf.int32) 是全为 0 的标签,表示这些数据是生成的。最后返回真实数据损失与生成数据损失之和,作为判别器的总损失。

六、DCGAN 优化器

首先,使用真实数据和生成器生成假数据来计算判别器的损失;然后,优化判别器的参数;接着,再次生成假数据并计算生成器的损失;最后,优化生成器的参数。通过这种交替的方式,生成器和判别器能够互相竞争和提升,最终达到生成更逼真数据的目标。

首先使用 Adam 优化器(学习率由 lr_generator 控制),生成一个优化器。然后将真实图像数据处理到 [−1, 1] 范围内,同时生成 noise,用于生成假图像的噪声数据,通过正态分布生成,形状为 [batch_size, noise_dim]。

使用通过梯度带(GradientTape)来实现自动求导,使用 tf.GradientTape() 创建一个新的梯度带对象 g,通过调用 g.gradient(target, sources) 方法,计算目标函数 target 对源张量 sources 的梯度。将计算得到的梯度应用于优化器(如 Adam、SGD 等),通过优化器更新模型参数。

优化器中判别器训练过程如下:创建一个梯度带,用于记录操作以便后向传播计算梯度。使用生成器生成假图像(fake_images),判别器对生成的假图像的输出和真实图像的输出。调用 discriminator_loss 函数计算判别器的总体损失。使用梯度带计算判别器的梯度。应用判别器优化器的梯度来更新判别器的可训练变量。生成器的训练过程与判别器类似。

七、DCGAN 训练

首先,对生成器和判别器进行初始化,计算初始的损失值;然后,在每个训练步骤中,通过 run_optimization 函数优化生成器和判别器,打印并定期保存模型权重;最后,在训练结束时保存最终模型,并返回训练后的生成器和判别器模型。

通常使用 enumerate 遍历训练数据集 train_data,每次取出一个批次数据 batch_x。调用优化器函数,对生成器和判别器进行一次优化步骤,并返回当前步骤的生成器损失和判别器损失。

设置每隔多少步打印一次当前步骤的生成器损失和判别器损失。最后保存生成器和判别器当前权重到文件中,文件名包含当前步数。

【工作任务】

使用对抗神经网络生成手写字体图片

一、任务概述

本任务基于深度卷积生成对抗网络（DCGAN）的手写数字生成任务。它首先定义了生成器和判别器模型，并使用 MNIST 数据集进行训练。训练过程中，生成器通过学习从随机噪声生成逼真手写数字图像，而判别器则学习区分真实手写数字图像和生成器生成的假图像。通过优化生成器和判别器的损失函数，模型逐步提升生成图像的质量，使其逼近真实手写数字的外观特征。

训练完成后，程序展示了生成器生成的手写数字图像。这些图像展示了模型在学习过程中生成的数字，展示了模型学习到的数字特征和变化。通过这种方式，程序演示了如何使用深度学习技术生成高质量的手写数字图像，具体到每个数字的形态和笔画。

最终，程序还提供了加载已经训练好的模型权重并生成手写数字图像的功能。这一部分展示了模型如何将学到的知识应用于实际，生成具有可识别特征的数字图像。

使用 DCGAN 网络生成手写字体图片流程如图 7-4 所示。

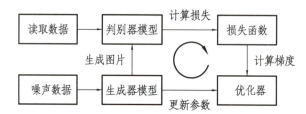

图 7-4　使用 DCGAN 网络生成手写字体图片流程

二、读取数据

首先通过 tensorflow.keras.datasets.mnist 模块加载了 MNIST 数据集，该数据集包含大量的手写数字图像和对应的标签。加载后，数据被转换成浮点数格式，并进行了归一化处理，将像素值从范围[0,255]缩放到[0,1]。这种预处理有助于提高模型训练的稳定性和收敛速度。

加载后的数据被分为训练集(x_train,y_train)和测试集(x_test,y_test)，其中训练集用于模型的训练，测试集用于评估模型的泛化能力。接下来，通过 tf.data.Dataset.from_tensor_slices 将训练集数据切片成小批量数据，每个批量大小为 batch_size，并进行了乱序处理和重复使用，以增强模型训练的随机性和效果。

通过这样的数据预处理和加载流程，确保了模型在训练过程中能够高效地获取数据并进行学习。这种流程不仅提供了高效的数据处理能力，还确保了模型在训练时能够充分利用数据集中的信息，从而达到更好的训练效果和生成结果，代码如下：

```
1.  def load_data():
2.      # 加载数据
3.      from tensorflow.keras.datasets import mnist
4.      (x_train, y_train), (x_test, y_test) = mnist.load_data()
5.      # 类型转换
6.      x_train, x_test = np.array(x_train, np.float32), np.array(x_test, np.float32)
7.      # 特征归一化
8.      x_train, x_test = x_train / 255., x_test / 255.
9.      # 制作 batch 数据
10.     train_data = tf.data.Dataset.from_tensor_slices((x_train, y_train))
11.     train_data = train_data.repeat().shuffle(10000).batch(batch_size).prefetch(1)
12.
13.     return train_data
```

三、创建生成器和判别器模型

定义生成器（Generator）和判别器（Discriminator）两个模型，这是生成对抗网络（GAN）的核心组件。生成器的主要任务是从随机噪声中生成逼真的手写数字图像，而判别器的任务是区分真实图像和生成图像。

生成器模型通过一系列反卷积（转置卷积）层和批量归一化层将低维的随机噪声向量转化为高维的图像数据。模型首先通过全连接层将噪声向量扩展为一个高维特征图，然后通过反卷积层逐步放大特征图，最后生成 28 × 28 大小的单通道图像。关键层包括以下几个结构。

① Dense：将输入的随机噪声向量扩展为高维特征。

② BatchNormalization：对特征进行归一化，提升训练稳定性。

③ Conv2DTranspose：反卷积层，用于将低维特征图逐步放大。

④ LeakyReLU：激活函数，引入非线性。

判别器模型通过一系列卷积层提取图像特征，并通过全连接层对特征进行分类。判别器的输出是一个标量，表示输入图像是真实图像的概率。关键层包括以下几个结构。

① Conv2D：卷积层，用于提取图像的局部特征。

② LeakyReLU：激活函数，避免梯度消失。

③ Dropout：丢弃层，防止过拟合。

④ Flatten：将特征图展平成向量。

Dense：全连接层，用于分类。

这两个模型通过对抗训练，生成器逐步学习如何生成逼真的手写数字图像，而判别器则不断提高区分真实图像和生成图像的能力。通过这种方式，生成器和判别器在相互竞争中共同提升，最终生成的图像质量越来越高，逼真度也越来越高，本任务定义了一个类来实现判别器和生成器，代码如下：

```
1.  class Generator(Model):
2.      # 用到的层
3.      def __init__(self):
4.          super(Generator, self).__init__()
5.          self.fc1 = layers.Dense(7 * 7 * 128)
6.          self.bn1 = layers.BatchNormalization()
7.          self.conv2tr1 = layers.Conv2DTranspose(64, 5, strides=2, padding='SAME')
8.          self.bn2 = layers.BatchNormalization()
9.          self.conv2tr2 = layers.Conv2DTranspose(1, 5, strides=2, padding='SAME')
10.
11.     # 前向传播计算
12.     def call(self, x, is_training=False):
13.         x = self.fc1(x)
14.         x = self.bn1(x, training=is_training)
15.         x = tf.nn.leaky_relu(x)
16.         # 转换成 4-D 图像数据: (batch, height, width, channels)
17.         # (batch, 7, 7, 128)
18.         x = tf.reshape(x, shape=[-1, 7, 7, 128])
19.         # (batch, 14, 14, 64)
20.         x = self.conv2tr1(x)
21.         x = self.bn2(x, training=is_training)
22.         x = tf.nn.leaky_relu(x)
23.         # 还原成(batch, 28, 28, 1)
24.         x = self.conv2tr2(x)
25.         x = tf.nn.tanh(x)
26.         return x
27.
28. #判别器模型
29. class Discriminator(Model):
30.
31.     def __init__(self):
32.         super(Discriminator, self).__init__()
33.         self.conv1 = layers.Conv2D(64, 5, strides=2, padding='SAME')
34.         self.bn1 = layers.BatchNormalization()
35.         self.conv2 = layers.Conv2D(128, 5, strides=2, padding='SAME')
36.         self.bn2 = layers.BatchNormalization()
37.         self.flatten = layers.Flatten()
```

```
38.         self.fc1 = layers.Dense(1024)
39.         self.bn3 = layers.BatchNormalization()
40.         self.fc2 = layers.Dense(2)
41.
42.     def call(self, x, is_training=False):
43.         x = tf.reshape(x, [-1, 28, 28, 1])
44.         x = self.conv1(x)
45.         x = self.bn1(x, training=is_training)
46.         x = tf.nn.leaky_relu(x)
47.         x = self.conv2(x)
48.         x = self.bn2(x, training=is_training)
49.         x = tf.nn.leaky_relu(x)
50.         x = self.flatten(x)
51.         x = self.fc1(x)
52.         x = self.bn3(x, training=is_training)
53.         x = tf.nn.leaky_relu(x)
54.         return self.fc2(x)
```

在主程序中定义函数生成判别器和生成器，代码如下：

```
1.  def create_model():
2.      generator = Generator()
3.      discriminator = Discriminator()
4.      return generator,discriminator
```

四、定义损失函数和优化器

1. 损失函数

生成器和判别器的损失函数以及用于优化这些损失函数的优化器，是训练生成对抗网络（GAN）的核心部分。生成器的损失函数用于衡量生成器生成的图像欺骗判别器的能力。这里使用 tf.nn.sparse_softmax_cross_entropy_with_logits 计算生成器损失。reconstructed_image 是判别器对生成图像的输出，labels 是全 1 的向量，表示期望判别器将生成的图像识别为真实图像。通过最小化这个损失，生成器能够生成越来越逼真的图像，以便更好地欺骗判别器。

判别器的损失函数用于衡量判别器区分真实图像和生成图像的能力。其中，disc_real 是判别器对真实图像的输出，disc_fake 是判别器对生成图像的输出。disc_loss_real 衡量判别器对真实图像的识别能力，期望输出为 1（真实），disc_loss_fake 衡量判别器对生成图像的识别能力，期望输出为 0（假）。通过最小化这个损失，判别器能够更好地区分真实图像和生成图像，损失函数代码如下：

```
1.   # 损失函数
2.   def generator_loss(reconstructed_image):
3.       gen_loss = tf.reduce_mean(tf.nn.sparse_softmax_cross_entropy_with_logits(
4.           logits=reconstructed_image, labels=tf.ones([batch_size], dtype=tf.int32)))
5.       return gen_loss
6.
7.   def discriminator_loss(disc_fake, disc_real):
8.       disc_loss_real = tf.reduce_mean(tf.nn.sparse_softmax_cross_entropy_with_logits(
9.           logits=disc_real, labels=tf.ones([batch_size], dtype=tf.int32)))
10.      disc_loss_fake = tf.reduce_mean(tf.nn.sparse_softmax_cross_entropy_with_logits(
11.          logits=disc_fake, labels=tf.zeros([batch_size], dtype=tf.int32)))
12.      return disc_loss_real + disc_loss_fake
```

2. 优化器

生成器和判别器的损失函数使用了 Adam 优化器，它适用于处理稀疏梯度。通过分别定义生成器和判别器的优化器，可以独立地优化它们各自的损失函数。使用 tf.GradientTape 用于记录计算梯度的操作，apply_gradients 则用于将计算出的梯度应用于模型的可训练变量，从而更新模型参数。这些步骤确保了生成器和判别器在训练过程中逐步优化，生成器生成的图像质量不断提高，判别器区分真假图像的能力不断增强，代码如下：

```
1.   def run_optimization(real_images,generator,discriminator):
2.       # 优化器
3.       optimizer_gen = tf.optimizers.Adam(learning_rate=lr_generator)  # , beta_1=0.5, beta_2=0.999)
4.       optimizer_disc = tf.optimizers.Adam(learning_rate=lr_discriminator)  # , beta_1=0.5, beta_2=0.999)
5.       # 将特征处理成 [-1, 1]
6.       real_images = real_images * 2. - 1.
7.
8.       # 随机产生噪声数据
9.       noise = np.random.normal(-1., 1., size=[batch_size, noise_dim]).astype(np.float32)
10.
11.      with tf.GradientTape() as g:
12.          fake_images = generator(noise, is_training=True)
13.          disc_fake = discriminator(fake_images, is_training=True)
14.          disc_real = discriminator(real_images, is_training=True)
15.
16.          disc_loss = discriminator_loss(disc_fake, disc_real)
```

```
17.
18.    # 判别器优化
19.    gradients_disc = g.gradient(disc_loss, discriminator.trainable_variables)
20.    optimizer_disc.apply_gradients(zip(gradients_disc, discriminator.trainable_variables))
21.
22.    # 随机产生噪声数据
23.    noise = np.random.normal(-1., 1., size=[batch_size, noise_dim]).astype(np.float32)
24.
25.    with tf.GradientTape() as g:
26.        fake_images = generator(noise, is_training=True)
27.        disc_fake = discriminator(fake_images, is_training=True)
28.
29.        gen_loss = generator_loss(disc_fake)
30.    # 生成器优化
31.    gradients_gen = g.gradient(gen_loss, generator.trainable_variables)
32.    optimizer_gen.apply_gradients(zip(gradients_gen, generator.trainable_variables))
33.
34.    return gen_loss, disc_loss
```

五、模型训练

模型训练通过一个循环遍历训练数据集，并在每个步骤中执行训练操作。首先，初始化噪声，在第一个步骤，生成随机噪声向量，用于生成初始的伪造图像。

接下来，计算生成器和判别器的初始损失，并打印出来。生成器损失是通过判别器对生成图像的输出计算的，判别器损失则是通过对真实图像和生成图像的输出计算的。

在每个训练步骤中，通过 run_optimization 函数执行生成器和判别器的优化。run_optimization 函数内部通过反向传播计算梯度，并使用 Adam 优化器更新模型参数。

最后，显示损失，每隔 display_step 步，打印当前步骤的生成器和判别器损失，监控训练进展。同时每隔 save_step 步，将当前步骤的生成器和判别器的权重保存到文件中，以便后续加载和继续训练或进行推理。通过循环训练生成器和判别器，逐步提高生成器生成图像的质量和判别器区分真伪图像的能力，代码如下：

```
1.    def train_model(train_data,generator, discriminator):
2.        for step, (batch_x, _) in enumerate(train_data.take(training_steps + 1)):
3.            if step == 0:
4.                # 初始化随机向量
5.                noise = np.random.normal(-1., 1., size=[batch_size, noise_dim]).astype(np.float32)
6.                # 计算初始损失
```

```
7.      gen_loss = generator_loss(discriminator(generator(noise)))
8.       disc_loss = discriminator_loss(discriminator(batch_x), discriminator(generator(noise)))
9.          print("initial: gen_loss: %f, disc_loss: %f" % (gen_loss, disc_loss))
10.         continue
11.
12.       # 训练
13.       gen_loss, disc_loss = run_optimization(batch_x,generator,discriminator)
14.
15.       if step % display_step == 0:
16.          print("step: %i, gen_loss: %f, disc_loss: %f" % (step, gen_loss, disc_loss))
17.       # 保存模型
18.       if step % save_step == 0:
19.          generator.save_weights(f'generator_weights_step_{step}.h5')
20.          discriminator.save_weights(f'discriminator_weights_step_{step}.h5')
21.    # 在训练结束时保存最终模型
22.    generator.save_weights('generator_weights.h5')
23.    discriminator.save_weights('discriminator_weights.h5')
24.    print("模型已保存")
25.    return generator,discriminator
```

六、加载模型并显示生成过程

首先，创建生成器和判别器模型的实例，并加载预先训练好的权重。函数内部定义了一个 6×6 的画布，用于展示生成的手写数字图像（6 行 6 列，共计 36 个）。在循环中代码先生成随机噪声数据，随后使用生成器将这些噪声数据转换为图像。生成器输出的图像范围为[-1,1]，代码将其转换为[0,1]范围，以便更好地显示。接下来，生成的图像被传递给判别器进行评估。虽然评估结果没有直接用于展示，但它在训练过程中可以帮助优化生成器的性能。

随后，生成的图像被填充到画布中。画布的大小和位置参数确保每个生成的图像都能正确地显示在画布上的指定位置。通过这种方式，整个画布逐行逐列地被填满，形成一个包含 36 个生成图像的展示窗口，代码如下：

```
1.  def show_f():
2.    # 创建生成器和判别器模型
3.    generator = Generator()
4.    discriminator = Discriminator()
5.
6.    # 实例化模型后，加载保存的权重
7.    generator.build(input_shape=(None, noise_dim))
```

```
8.     discriminator.build(input_shape=(None, 28, 28, 1))
9.     generator.load_weights('./generator_weights.h5')
10.    discriminator.load_weights('./discriminator_weights.h5')
11.
12.    n = 6
13.    canvas = np.empty((28 * n, 28 * n))
14.    for i in range(n):
15.        noise = np.random.normal(-1., 1., size=[n, noise_dim]).astype(np.float32)
16.
17.        # 生成器生成图像
18.        generated_images = generator(noise, training=False)
19.        generated_images = (generated_images + 1.) / 2.0
20.
21.        # 判别器评估图像
22.        generated_images_reshaped = tf.reshape(generated_images, [-1, 28, 28, 1])
23.        discriminator_output = discriminator(generated_images_reshaped, training=False)
24.
25.        for j in range(n):
26.            canvas[i * 28:(i + 1) * 28, j * 28:(j + 1) * 28] = tf.reshape(generated_images[j], [28, 28])
27.
28.    plt.figure(figsize=(n, n))
29.    plt.imshow(canvas, origin="upper", cmap="gray")
30.    plt.show()
```

代码运行后，生成的手写数字图像可以直观地展示出来，方便观察生成器的输出质量，如图 7-5 和图 7-6 所示，分别表示原始的噪声、训练 10 000 轮次、20 000 轮次、40 000 轮次生成的图像。

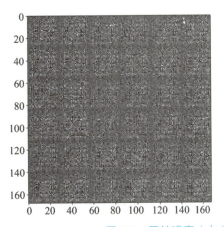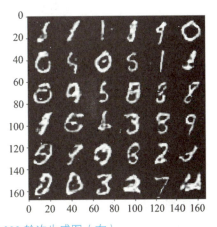

图 7-5　原始噪声（左）和 10 000 轮次生成图（右）

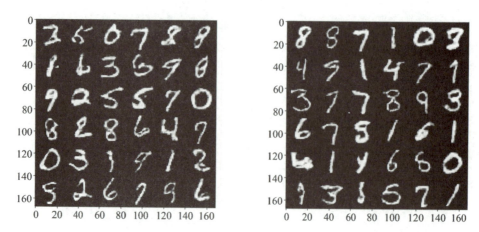

图 7-6   20 000 轮次生成图（左）和 40 000 轮次生成图（右）

任务 ⑧ 使用 BERT 预训练医学语言模型

【任务导入】

近年来，随着自然语言处理技术的快速发展，预训练语言模型在各种任务中展现出了强大的性能。其中，BERT（Bidirectional Encoder Representations from Transformers）模型因其在广泛领域的出色表现而备受关注。在医学领域，语言模型的应用尤为重要，因为医学文本数据复杂且专业性强。使用 BERT 预训练医学语言模型可以有效地提升医疗文本的理解和处理能力。

医学领域的文本数据包括医学文献、电子健康记录、临床笔记、医学问答等。这些数据通常包含专业术语、缩写和复杂的句法结构，传统的自然语言处理方法难以充分理解和处理这些信息。BERT 模型通过在大规模医学语料库上进行预训练，可以捕捉文本中的语义和语境信息，从而更准确地理解医学文本。

在医学语言处理任务中，BERT 模型可用于信息抽取、命名实体识别、文本分类、医学问答等多个任务。例如，在电子健康记录中，BERT 可以帮助自动提取患者的诊断信息、治疗方案以及药物使用情况，极大地提高了医疗信息处理的效率和准确性。此外，基于 BERT 的模型在医学文献的自动综述和疾病预测方面也展现出了潜力。

知识目标

（1）了解序列到序列(seq2seq)模型的基本原理。
（2）了解 Transformer 的基本原理。
（3）掌握 Transformer 的架构。
（4）掌握分词器的工作原理。
（5）掌握分词器、嵌入的工作原理。
（6）了解注意力机制的原理。

能力目标

（1）能调用 Transformer 模型。

（2）能使用分词器完成分词。

（3）能使用嵌入机制处理完成嵌入词向量的生成。

（4）能使用多头注意力机制计算注意力矩阵。

拓展能力

能按照任务要求搭建基于 Transformer 的模型。

【任务导学】

什么是 Transformer?

RNN 和 LSTM 在处理长序列时难以并行化，训练时间较长，且容易遇到梯度消失或爆炸问题，导致捕捉长距离依赖能力不足。为了解决这一问题，2017 年提出了 Transformer。它是一种革命性的神经网络架构，专为处理序列数据而设计。

与传统的循环神经网络（RNNs）和长短时记忆网络（LSTMs）不同，Transformer 基于自注意力机制来建模序列中的依赖关系。其核心思想是通过允许模型在处理每个输入位置时，对整个序列的其他位置进行注意力集中，增强了长距离依赖的捕捉能力，并提高了训练效率和模型的表达能力。

目前常用的语言大模型 GPT 和 BERT 都是基于 Transformer 架构的。GPT 使用 Transformer 的解码器部分，通过自回归方法进行单向预训练，主要用于生成任务。而 BERT 使用 Transformer 的编码器部分，通过掩码语言模型进行双向预训练，主要用于理解任务。

【任务知识】

一、Seq2Seq 模型

1. 序列到序列(seq2seq)模型

序列到序列（Sequence-to-Sequence，简称 Seq2Seq）模型是一种广泛应用于自然语言处理任务的神经网络架构，旨在将一个序列转换为另一个序列。它最初在 2014 年提出，主要用于机器翻译任务，但随后被扩展到许多其他应用领域，如文本摘要、对话生成、问答系统等。

Seq2Seq 模型通常由两个主要部分组成。编码器（Encoder）接收并处理输入序列，将其编码为一个固定长度的上下文向量（也称为隐状态或编码状态）。编码器通常是一个循环神经网络（RNN）、长短期记忆网络（LSTM）或门控循环单元（GRU）等。

2. 序列到序列(seq2seq)模型的工作原理

序列到序列模型工作过程分为输入、编码、解码三个阶段。在输入阶段，输入序列（例如，一个句子）被逐个词地输入编码器中，编码器将每个词的嵌入表示传递到下一个时间步，并最终生成一个上下文向量。编码阶段，编码器的最后一个隐状态（或最后一层的隐状态）作为上下文向量，包含整个输入序列的信息。解码阶段，解码器从上下文向量开始，通过每一步预测下一个输出词。每一步的输入是前一步生成的词（或初始的起始标记），直到生成终止标记为止

大部分 seq2seq 模型均由编码器和解码器构成。编码器会接收输入序列，并将其映射至某些中间表示（即一种 n 维向量）。然后，解码器会接收这个抽象向量，并将其转换成输出序列。图 8-1 以机器翻译作为序列到序列的问题的例子，展示了编码器-解码器的架构。

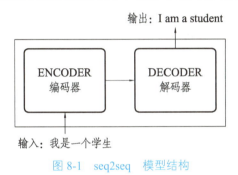

图 8-1　seq2seq　模型结构

二、Transformer 的基本结构

1. Transformer 与传统序列模型的区别

Transformer 模型和时间序列模型在一些方面有相似之处，但它们在设计和应用上有显著不同。传统时间序列模型通常依赖于时间步之间的顺序关系，而 Transformer 使用编码器-解码器结构，通过多头自注意力机制并行处理整个序列，Transformer 不依赖于顺序计算，因此更容易并行化，适合处理长序列数据。

RNN、LSTM、GRU 等传统时间序列模型由于其顺序计算的特性，训练和推理时计算效率较低，尤其在处理长序列时更为明显。Transformer 由于其并行计算的特性，通过自注意力机制，可以显著提高计算效率，尤其在处理长序列时表现更好。

两者都用于处理序列数据，传统的序列模型通常应用于时间序列数据（如股票价格、天气数据），而 Transformer 更多应用于自然语言处理，如机器翻译、文本生成、问答系统等。

2. Transformer 基本结构

Transformer 的基本结构由编码器（Encoder）和解码器（Decoder）两部分组成，每部分包含多个堆叠的相同层。此外还需要分词器、嵌入层、位置编码、多头注意力和一些基本组件（如前馈层等）。图 8-2 所示为 Transformer 的基本结构。

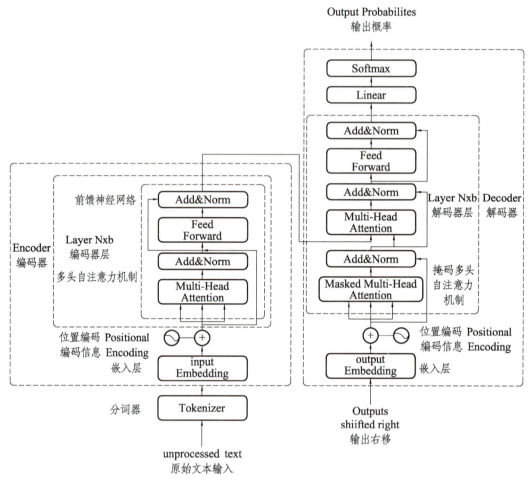

图 8-2　Transformer 结构

三、分词器

分词器可将原始文本转换为由标记（即子词）组成的文本的初始数值表征。分词器之所以是模型的重要构成部分之一，是因为模型可借此妥善应对人类语言的复杂性。例如，分词器可将凝集性语言中的词分解为更易管理的组成部分、处理原始语料库中不存在的新词或外来词/特殊字符，并确保模型生成紧凑（尽可能精简）的文本表征。每种语言都有可选用的数量众多且各不相同的分词器。大部分基于 Transformer 的架构均使用经过训练的分词器，这些分词器旨在充分缩短典型序列的长度。WordPiece（应用于 BERT）、SentencePiece（应用于 T5 或 RoBerta）等分词器同样具有多个变体，这是因为众多的语言和不同的专业领域（如医疗健康语料库）采用了这些分词器，且这些分词器在训练方式上也有所不同（选用不同的最大标记数，或以不同的方式处理大小写）。

通常使用 tokenizer 来实现分词器的功能，它能将输入的自然语言文本分割成独立的词或子词单元，使得模型能够理解和处理文本数据。例如，将句子"Thecat sat on the mat" 分割成 ["The", "cat", "sat", "on", "the", "mat"]。还需要将分割后的词或子词转换成模型可以处理的数字表示（通常是词汇表中的索引）。例如，句子 "The cat sat on the mat" 可能被转换成 [2, 17, 35, 10, 2, 49]，其中每个数字对应词汇表中的一个词或子词。最后还需要将特殊标记（如 [CLS] 表示分类，[SEP] 表示分隔符）添加到输入序列中，以帮助模型理解任务的结构和要求。模型输出后 Tokenizer 还负责将模型生成的数字序列转换回自然语言文本。这一步骤通常称为解码（Decoding）。下面是一段使用 tokenizer 完成分词的实例。

```
1.  from transformers import BertTokenizer
2.  # 初始化 BERT 的 Tokenizer
3.  tokenizer = BertTokenizer.from_pretrained('bert-base-uncased')
4.  # 输入文本
5.  text = "The cat sat on the mat"
6.  # 进行分词和编码
7.  encoded_input = tokenizer(text)
8.  # 打印分词后的结果
9.  print("Tokens:", tokenizer.tokenize(text))
10. print("Token IDs:", encoded_input['input_ids'])
```

代码运行后，tokenizer.tokenize(text) 输出分词后的单词列表，encoded_input['input_ids'] 输出每个词对应的 ID：

```
1.  Tokens: ['the', 'cat', 'sat', 'on', 'the', 'mat']
2.  Token IDs: [101, 1996, 4937, 2931, 2006, 1996, 10023, 102]
```

四、分词的嵌入式处理

分词后的文本将由嵌入机制处理。嵌入向量是通过一种算法生成的，该算法可将原始数据转换为神经网络可使用的数值表征。这种数值表征通常被称为文本嵌入。

常用的算法有 Word2Vec、GloVe 或 fastText，它们将离散的词或子词表示为连续的、密集的向量，使得模型可以更高效地进行计算。通过训练，词嵌入向量能够捕捉到词之间的语义关系。

分词的嵌入式处理过程分为两步，第一步输入的词或子词通过嵌入层转换为固定维度的向量。这一步骤通常使用一个可训练的嵌入矩阵来完成。第二步加入位置编码，由于 Transformer 模型不具备处理序列顺序的内置机制，需要加入位置编码（Positional Encoding）以提供序列位置信息。位置编码向量被添加到词嵌入向量中，使模型能够区分不同位置的词。

位置编码通常使用正弦和余弦函数来生成，以确保不同位置的编码具有独特的表示。以下是位置编码的计算公式：

$$PE_{(pos,2i)} = \sin\left(\frac{pos}{10000^{2i/d_{model}}}\right)$$

$$PE_{(pos,2i)} = \cos\left(\frac{pos}{10000^{2i/d_{model}}}\right)$$

式中，pos 是词在序列中的位置；i 是嵌入向量的维度索引；d_{model} 是嵌入向量的维度。

下面是实现 Transformer 词嵌入和位置编码的实例，使用 TransformerEmbedding 类同时实现了词嵌入和位置编码。输入的词 ID 通过嵌入层转换为向量，并添加位置编码以提供序列位置信息。输出的结果是一个包含词嵌入和位置编码的向量表示。

```python
1.  import tensorflow as tf
2.  import numpy as np
3.
4.  class TransformerEmbedding(tf.keras.layers.Layer):
5.      def __init__(self, vocab_size, d_model, max_seq_len):
6.          super(TransformerEmbedding, self).__init__()
7.          self.embedding = tf.keras.layers.Embedding(vocab_size, d_model)
8.          self.positional_encoding = self.create_positional_encoding(max_seq_len, d_model)
9.
10.     def create_positional_encoding(self, max_seq_len, d_model):
11.         angle_rads = self.get_angles(np.arange(max_seq_len)[:, np.newaxis],
12.                                      np.arange(d_model)[np.newaxis, :],
13.                                      d_model)
14.
15.         # apply sin to even indices in the array; 2i
16.         angle_rads[:, 0::2] = np.sin(angle_rads[:, 0::2])
17.
18.         # apply cos to odd indices in the array; 2i+1
19.         angle_rads[:, 1::2] = np.cos(angle_rads[:, 1::2])
20.
21.         positional_encoding = angle_rads[np.newaxis, ...]
22.
23.         return tf.cast(positional_encoding, dtype=tf.float32)
24.
25.     def get_angles(self, pos, i, d_model):
26.         angle_rates = 1 / np.power(10000, (2 * (i // 2)) / np.float32(d_model))
27.         return pos * angle_rates
28.
29.     def call(self, x):
30.         seq_len = tf.shape(x)[1]
31.         x = self.embedding(x)  # (batch_size, seq_len, d_model)
32.         x += self.positional_encoding[:, :seq_len, :]
33.         return x
34.
35. # 定义参数
```

```
36. vocab_size = 10000 # 词汇表大小
37. d_model = 512     # 嵌入向量维度
38. max_seq_len = 100  # 最大序列长度
39.
40. # 初始化 Transformer 嵌入层
41. embedding_layer = TransformerEmbedding(vocab_size, d_model, max_seq_len)
42.
43. # 示例输入（批量大小为 2，序列长度为 5）
44. input_seq = tf.constant([[1, 2, 3, 4, 5], [6, 7, 8, 9, 10]])
45.
46. # 计算嵌入
47. output = embedding_layer(input_seq)
48.
49. print(output.shape) # 输出: (2, 5, 512)
```

代码中输入一个形状为[2,5]的张量，其中 2 是批次大小，5 是序列长度。输入张量表示两个序列，每个序列由 5 个词组成。

```
1. input_seq = tf.constant([[1, 2, 3, 4, 5], [6, 7, 8, 9, 10]])
```

这个张量表示两个句子：第一个句子由词 ID[1,2,3,4,5]组成。第二个句子由词 ID[6,7,8,9,10]组成。

模型将输入的词 ID 转换为嵌入向量，并添加位置编码。输出将是一个形状为[2,5,512]的张量，其中 512 是嵌入向量的维度。

为了更好地展示嵌入式向量和位置编码，可以使用代码打印嵌入式向量和位置编码，代码如下：

```
1.  # 获取嵌入层和位置编码的向量
2.  embeddings = embedding_layer.embedding(input_seq)
3.  positional_encodings = embedding_layer.positional_encoding[:, :tf.shape(input_seq)[1], :]
4.
5.  print("嵌入向量（部分显示）:")
6.  print(embeddings[0, :, :5]) # 显示第一个句子的前 5 个维度的嵌入向量
7.
8.  print("\n 位置编码（部分显示）:")
9.  print(positional_encodings[:, :5, :5]) # 显示前 5 个位置的前 5 个维度的位置编码
10.
11. print("\n 最终嵌入向量（部分显示）:")
12. print(output[0, :, :5]) # 显示第一个句子的前 5 个维度的最终嵌入向量
```

代码运行后输出部分向量和位置编码：

```
1.  嵌入向量（部分显示）：
2.  tf.Tensor(
3.  [[ 0.0123  0.0345  0.0567  0.0789  0.0123]
4.   [ 0.0987  0.0765  0.0543  0.0321  0.0101]
5.   [ 0.1234  0.5678  0.9012  0.3456  0.7890]
6.   [ 0.2345  0.6789  0.0123  0.4567  0.8901]
7.   [ 0.3456  0.7890  0.1234  0.5678  0.9012]], shape=(5, 5), dtype=float32)
8.
9.  位置编码（部分显示）：
10. tf.Tensor(
11. [[[ 0.0000  1.0000  0.0000  1.0000  0.0000]
12.   [ 0.8415  0.5403  0.8415  0.5403  0.8415]
13.   [ 0.9093 -0.4161  0.9093 -0.4161  0.9093]
14.   [ 0.1411 -0.9900  0.1411 -0.9900  0.1411]
15.   [-0.7568 -0.6536 -0.7568 -0.6536 -0.7568]]], shape=(1, 5, 5), dtype=float32)
16.
17. 最终嵌入向量（部分显示）：
18. tf.Tensor(
19. [[ 0.0123  1.0345  0.0567  1.0789  0.0123]
20.  [ 0.9402  0.6168  0.8958  0.5724  0.8516]
21.  [ 1.0327  0.1517  1.8105 -0.0705  1.6983]
22.  [ 0.3756 -0.3111  0.1534 -0.5333  1.0312]
23.  [-0.4112  0.1354 -0.6334 -0.0858  0.1444]], shape=(5, 5), dtype=float32)
```

从输出可以看出，嵌入向量是根据词汇表中的词 ID 生成的。位置编码为每个位置生成唯一的向量。最终嵌入向量是嵌入向量和位置编码的组合，使模型可以同时考虑词语的语义和位置信息。

（1）输入嵌入（Input Embeddings）：将输入词序列转换为向量表示。

（2）位置编码（Positional Encoding）：由于 Transformer 不具有序列顺序信息，位置编码被添加到输入嵌入中，以提供位置信息。

（3）多头自注意力机制（Multi-Head Self-Attention Mechanism）：每个位置的表示通过与序列中所有位置的表示进行交互来更新。多头注意力允许模型关注不同位置的信息。

（4）前馈神经网络（Feed-Forward Neural Network, FFN）：在每个位置上独立地应用一个前馈神经网络。

（5）残差连接和层归一化（Residual Connections and Layer Normalization）：每个子层（自注意力和前馈神经网络）后面都有一个残差连接和层归一化，用于稳定和加速训练。

（6）解码器（Decoder）：

（7）目标嵌入（Target Embeddings）：将目标词序列转换为向量表示。

（8）位置编码（Positional Encoding）：与编码器中的位置编码类似，提供位置信息。

（9）掩码多头自注意力机制（Masked Multi-Head Self-Attention Mechanism）：通过掩码确保解码器在预测当前位置的词时，只能依赖当前位置之前的词。

（10）编码器-解码器多头注意力机制（Encoder-Decoder Attention Mechanism）：解码器的每个位置通过注意力机制与编码器的输出进行交互。

（11）前馈神经网络（Feed-Forward Neural Network, FFN）：与编码器类似的前馈神经网络。

（12）残差连接和层归一化（Residual Connections and Layer Normalization）：与编码器相同的残差连接和层归一化。

Transformer 模型由多个堆叠的编码器和解码器组成，每个模块包含多头注意力机制和前馈神经网络。多头注意力机制使得模型能够同时关注序列中不同位置的多种关系，而前馈神经网络则负责对注意力表示进行进一步的映射和变换。为了处理序列中位置信息，Transformer 引入了位置编码。这些特征使得 Transformer 在自然语言处理任务（如机器翻译、文本生成和语言建模等）方面取得了显著的性能提升，成为当前领域的主流架构之一。

五、注意力机制

1. 注意力机制简介

当一个场景进入人类视野时，往往会先关注场景中的一些重点，如动态的点或者突兀的颜色，剩下的静态场景可能会暂时性忽略。例如在图 8-3 中，按照人类的关注点使用颜色对重要的部分进行了标注。

图 8-3　图像的注意力机制

同样地，在文本处理中也需要根据上下文的信息去关注重点的文字信息，通过观察输入序列，并在每个输入时间步判断序列中的其他部分哪些是重要的。例如在图 8-4 中，可以看到"ball"对"tennis"和"playing"有强烈的注意力，但"tennis"和"dog"之间的联系很微弱。

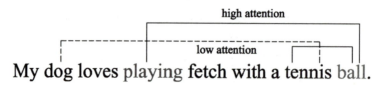

图 8-4　注意力机制

2. 注意力机制的原理

注意力机制允许模型在处理序列数据时更加关注重要的信息，从而提高模型的精度和效率。注意力机制的核心思想是根据输入数据的不同部分赋予不同的权重，以高权重去聚焦重要信息，低权重去忽略不相关的信息，并且还可以不断调整权重，使得模型能够根据当前的任务需求动态地选择关注哪些信息。这种机制模仿了人类视觉和认知系统的特性，即人类在处理信息时会选择性地将注意力集中在某些特定的区域或特征上，同时忽略其他不相关的信息，模型因此具有更高的可扩展性和健壮性。注意力机制是自深度学习快速发展后广泛应用于自然语言处理、统计学习、图像检测、语音识别等领域的核心技术。

六、Transformer 自注意力机制

1. 自注意力机制

自注意力机制是 Transformer 模型中的核心组件，它允许模型在处理输入序列时，通过给每个元素分配不同的权重，来聚焦于序列中不同位置的信息。

Transformer 架构中的注意力机制中由三个组件构成：查询（Query）、键（Key）和值（Value）。这三个组件中的每一个组件均有与之关联的权重矩阵，该矩阵通过优化过程进行训练。注意力机制函数的定义如下：

$$\text{Attention}(\boldsymbol{Q}, \boldsymbol{K}, \boldsymbol{V}) = \text{softmax}\left(\frac{\boldsymbol{Q}\boldsymbol{K}^{\mathrm{T}}}{\sqrt{d_k}}\right)\boldsymbol{V}$$

2. Q、K 和 V 矩阵的作用

例如，需要从一个文档中提取"人工智能项目"的摘要，就特别需要注意和关键字相关的信息。

这时 Query(查询)表示是当前关注的部分，想了解与它最相关的内容。如果正在生成关于"人工智能项目"的摘要部分，此时 Query 就是与"人工智能项目"相关的信息点。

Key（键）表示是可以访问的信息点，用于匹配 Query。在上例中文档中每句话或每个段落都可以是一个 Key。

Value（值）与每个 Key 相关联的实际信息，如果 Key 与 Query 匹配，这些信息将被用来生成输出（即摘要）。在上面的例子中 Value 可能是与每个 Key（话语或段落）相对应的详细内容。

总结：文档中包含多个内容，包括"人工智能项目""团队信息""计划安排"，任务是生成项目摘要，最终生成的 Query 表示与人工智能项目相关的描述符和关键字，Key 表示文档中每句话的主题或者关键字，Value 表示每句话的具体内容。当 Query(关于"人工智能项目"的询问)

开始寻找与之相关的信息时，它会查询所有的 Key 来判断哪些是关于"人工智能项目"的，然后，它将集中在与"人工智能项目"最相关的那些 Values 上，利用这些信息生成摘要。

七、Transformer 自注意力机制计算过程

经过嵌入层得到的输入 X_1、X_2. 现在需要计算得到两个单词 Thinking 和 Machines 与其他上下文之间的关系，就是加权值，可以构建三个矩阵 W^Q、W^K、W^V，分别来查询当前词跟其他词的关系以及特征向量的表达，如图 8-5 所示。

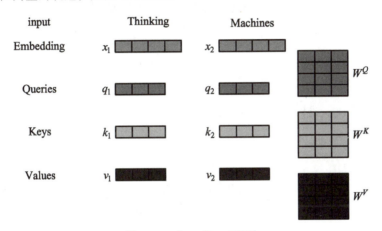

图 8-5　W^Q、W^K、W^V 矩阵

W^Q、W^K、W^V 这个矩阵需要训练，然后将输入 X_1、X_2 分别与 W^Q 进行乘法运算得到由 q_1、q_2 组成的 Q 矩阵表示要去查询的权重，同理可得到 K 等着被查的权重，V 矩阵表示实际特征信息的权重，如图 8-6 所示。

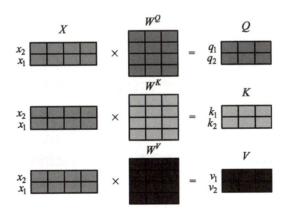

图 8-6　Q、K、V 矩阵

得到了 Q、K、V 矩阵后可以查询 X_1 分别与其他的词之间的关系，这里假设只有两个词，所以将 q_1 和 $k_1 k_2$ 做内积运算。从向量的角度来理解，如果两个向量的相关性越大，内积的值也越大，说明这两个词之间的相关性也越大，在随后的词编码中需要多利用相关性大的词，如图 8-7 所示。

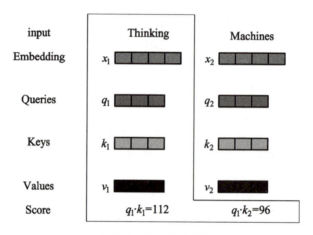

图 8-7　计算相关程度

上面计算得到的是一个分值，但是在使用时通常需要将这个分值转化为概率，表示对当前的词有多大的影响程度，这时需要使用 softmax 函数将分值转化为概率，这个值就是上下文的结果，如图 8-8 所示。

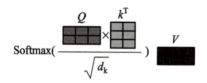

图 8-8　计算上下文概率

每个词的 Q 会跟整个序列中每一个 K 计算得分，softmax 运算后就得到整个的加权结果，此时每个词看的不只是它前面的序列而是整个输入序列，如图 8-9 所示，分别得到 0.88 和 0.12 两个概率，然后基于得分的概率再分配特征最终得到第一个词的编码 z_1，这个就是当前词的特征编码，同理可以得到其他的词的编码。

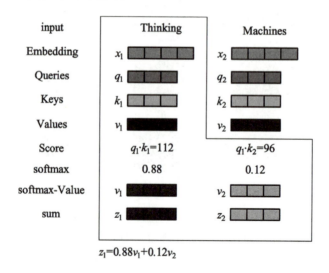

$z_1 = 0.88v_1 + 0.12v_2$

图 8-9　计算词的编码

八、Transformer 多头注意力机制

注意力机制中，一组 Q、K、V 得到了一组当前词的特征表达，能否像 CNN 中一样，采用多个卷积核 filter 就可以得到多个特征呢？答案是肯定的，可以使用多组 Q、K、V 得到不同的词特征表达，这就是多头注意力机制。

Transformer 架构中，有 $h = 8$ 个并行的注意力层，这个注意力层即我们所说的"头"。这意味着有 8 个版本的自注意力，它们可以同时运行。通过不同的 head 得到多个特征表达，将所有特征拼接在一起，最后可以通过再一层全连接来降维。使用多头的注意力机制，得到的特征向量表达也不相同，如图 8-10 所示。

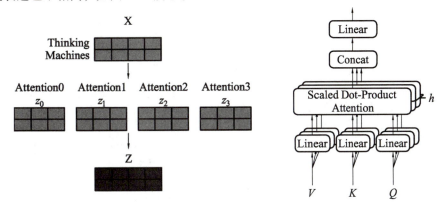

图 8-10　多头注意力

九、Transformer 编码器

Transformer 编码器和解码器分别由 6 个相同的层构成，两者总共 12 层。6 个编码器层中的每一层都有两个子层：第一层是一个多头自注意机制；第二层是一个简单的与位置相关的全连接前馈网络。

编码器的目的是将源句编码为隐藏的状态向量；而解码器会使用状态向量的最后一次表征来预测目标语言中的字符。单个编码器模块（六个之一）如图 8-11 所示。

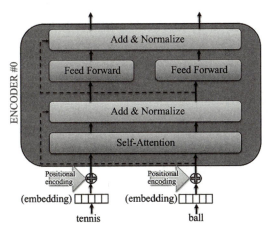

图 8-11　编码器模块

十、Transformer 解码器

1. 解码器原理

解码器的工作方式与编码器类似，不同之处在于，解码器每次只生成一个单词，顺序为从左到右。解码器不仅会注意先前生成的其他单词，而且还会注意由编码器生成的最终表征。完成编码阶段后，即可开始解码阶段。解码器的结构与编码器非常相似。除了每个编码器层中包含的两个子层之外，解码器还插入了第三个子层，来对编码器堆的输出执行多头注意力。与编码器类似，先对每个子层应用残差连接，然后进行层归一化，如图 8-12 所示。

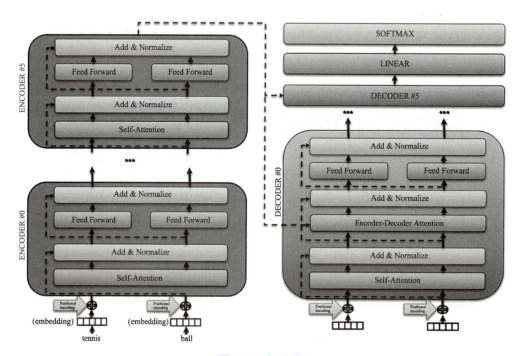

图 8-12　解码器

2. 掩码机制的多头注意力

解码器中"采用掩码机制的多头注意力"层。解码器中的自注意力层应让解码器中的一个位置能注意到解码器中从左往右直到并包括它自己的所有位置，需要屏蔽解码器中从右向左的信息流，以保留自回归属性。结合输出嵌入偏移一个位置（与输入相比）的事实，这种掩码可确保对位置 i 的预测只能依赖于小于 i 位置上的已知输出。换句话说，采用掩码机制的多头注意力，可以防止未来的单词成为注意力的一部分。

掩码的目的是使一个单词与在该源单词之后（"未来"）出现的单词之间的相似性度为零。删除这些信息后，模型将无法使用这些信息，解码器将仅考虑与前面的单词的相似度。

3. Transformer 用于机器翻译实现过程

Transformer 首先为每个词生成初始表征或嵌入向量，并用空心圆加以表示。然后，Transformer 采用自注意机制，从所有其他单词中汇总信息，根据整个上下文为每个单词生成新

的表征，并用实心球加以表示。然后以并行的方式对所有单词重复此步骤多次，依次生成新的表征，过程如图 8-13 所示。

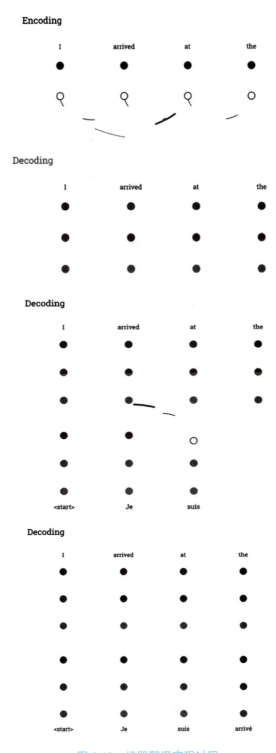

图 8-13　机器翻译实现过程

【工作任务】

使用 BERT 预训练医学语言模型

一、BERT 概述

1. BERT 简介

BERT 也被称作基于 Transformer 的双向编码器表征 (Bidirectional Encoder Representations from Transformers)是基于 Transformer 模型的编码器部分的模型。BERT 通过将每个词或标记映射成经训练的语境化的表征，从而对输入文本进行编码。用于处理文本分类、问答系统、命名实体识别和语义相似度计算等任务。由于在多项自然语言处理任务中表现出色，BERT 模型成为了当前最先进的预训练语言模型之一。

相比于传统的自然语言处理模型，BERT 模型具有以下几个显著优点：首先，BERT 模型能够同时考虑前后文的上下文信息，从而更好地理解语义和语境。其次，BERT 模型利用 Transformer 架构，使得模型能够并行处理输入序列，加快了训练和推断的速度。此外，BERT 模型还通过预训练和微调的方式，能够在各种任务上实现更好的效果，并具有更好的迁移性。

2. BERT 结构

BERT 模型的参数结构可以分为以下几个部分：

（1）词嵌入层（Embedding Layer）：将输入的文本转化为词向量，一般使用 WordPiece 或 BPE 等算法进行分词和编码。

（2）Transformer Encoder 层：BERT 模型采用多层 Transformer Encoder 进行特征提取和表示学习，每个 Encoder 包含多个 Self-Attention 和 Feed-Forward 子层。

（3）池化层（Pooling Layer）：将多个 Transformer Encoder 层的输出进行池化，生成一个固定长度的向量作为整个句子的表示。

（4）输出层：根据具体的任务进行设计，可以是单个分类器、序列标注器、回归器等。

BERT 模型的参数量非常大，一般采用预训练的方式进行训练，再通过 Fine-tuning 的方式在特定任务上进行微调。

二、训练 BERT 模型

BERT 是广泛使用的神经网络，有多种实现和公开可用的预训练检查点。这里使用 NVIDIA NeMo 工具包中的 BERT 预训练模型。NeMo 是依托于 PyTorch Lightning 构建而成的深度学习框架。首先需要导入必要的依赖项和库，并列出可供使用的各种 BERT 版本。

```
1.  # Import nemo nlp collection
2.  from nemo.collections import nlp as nemo_nlp
```

```
3.  # Import BERT
4.  from nemo.collections.nlp.models import BERTLMModel
5.  # Check the list of pre-trained BERT language models
6.  BERTLMModel.list_available_models()
```

代码运行后，输出可提供以下两种预训练的 BERT 语言模型：

```
[PretrainedModelInfo(
      pretrained_model_name=bertbaseuncased,
      description=The model was trained EN Wikipedia and BookCorpus on a sequence length of 512.,
      location=https://api.ngc.nvidia.com/v2/models/nvidia/nemo/bertbaseuncased/versions/1.0.0rc1/files/bertbaseuncased.nemo
),
PretrainedModelInfo(
      pretrained_model_name=bertlargeuncased,
      description=The model was trained EN Wikipedia and BookCorpus on a sequence length of 512.,
      location=https://api.ngc.nvidia.com/v2/models/nvidia/nemo/bertlargeuncased/versions/1.0.0rc1/files/bertlargeuncased.nemo
)]
```

第一种是 bertbaseuncased 模型共有 1.1 亿个参数，且包含 12 个 Transformer 模块。第二种是 bertlargeuncased 模型共有 3.4 亿个参数，且包含 24 个 Transformer 模块。本例子中使用第一种，下载模型，代码如下。

```
1.  # Download the pretrained BERT-based model
2.  pretrained_model_name="bertbaseuncased"
3.  model = BERTLMModel.from_pretrained(pretrained_model_name)
```

运行代码下载模型，模型的结构如下所示：

```
1.  BERTLMModel(
2.    (bert_model): BertEncoder(
3.      (embeddings): BertEmbeddings(
4.        (word_embeddings): Embedding(30522, 768, padding_idx=0)
5.        (position_embeddings): Embedding(512, 768)
6.        (token_type_embeddings): Embedding(2, 768)
7.        (LayerNorm): LayerNorm((768,), eps=1e-12, elementwise_affine=True)
8.        (dropout): Dropout(p=0.1, inplace=False)
9.      )
10.     (encoder): BertEncoder(
11.       (layer): ModuleList(
12.         (0): BertLayer(
13.           (attention): BertAttention(
14.             (self): BertSelfAttention(
15.               (query): Linear(in_features=768, out_features=768, bias=True)
16.               (key): Linear(in_features=768, out_features=768, bias=True)
17.               (value): Linear(in_features=768, out_features=768, bias=True)
18.               (dropout): Dropout(p=0.1, inplace=False)
```

```
19.       )
20.        (output): BertSelfOutput(
21.         (dense): Linear(in_features=768, out_features=768, bias=True)
22.         (LayerNorm): LayerNorm((768,), eps=1e-12, elementwise_affine=True)
23.         (dropout): Dropout(p=0.1, inplace=False)
24.        )
25.       )
26.       (intermediate): BertIntermediate(
27.        (dense): Linear(in_features=768, out_features=3072, bias=True)
28.       )
29.       (output): BertOutput(
30.        (dense): Linear(in_features=3072, out_features=768, bias=True)
31.        (LayerNorm): LayerNorm((768,), eps=1e-12, elementwise_affine=True)
32.        (dropout): Dropout(p=0.1, inplace=False)
33.       )
34.      )
35.      (1): BertLayer(
36.       (attention): BertAttention(
37.        (self): BertSelfAttention(
38.         (query): Linear(in_features=768, out_features=768, bias=True)
39.         (key): Linear(in_features=768, out_features=768, bias=True)
40.         (value): Linear(in_features=768, out_features=768, bias=True)
41.         (dropout): Dropout(p=0.1, inplace=False)
42.        )
43.        (output): BertSelfOutput(
44.         (dense): Linear(in_features=768, out_features=768, bias=True)
45.         (LayerNorm): LayerNorm((768,), eps=1e-12, elementwise_affine=True)
46.         (dropout): Dropout(p=0.1, inplace=False)
47.        )
48.       )
49.       (intermediate): BertIntermediate(
50.        (dense): Linear(in_features=768, out_features=3072, bias=True)
51.       )
52.       (output): BertOutput(
53.        (dense): Linear(in_features=3072, out_features=768, bias=True)
54.        (LayerNorm): LayerNorm((768,), eps=1e-12, elementwise_affine=True)
55.        (dropout): Dropout(p=0.1, inplace=False)
```

```
56.        )
57.      )
58.      (2): BertLayer(
59.        (attention): BertAttention(
60.          (self): BertSelfAttention(
61.            (query): Linear(in_features=768, out_features=768, bias=True)
62.            (key): Linear(in_features=768, out_features=768, bias=True)
63.            (value): Linear(in_features=768, out_features=768, bias=True)
64.            (dropout): Dropout(p=0.1, inplace=False)
65.          )
66.          (output): BertSelfOutput(
67.            (dense): Linear(in_features=768, out_features=768, bias=True)
68.            (LayerNorm): LayerNorm((768,), eps=1e-12, elementwise_affine=True)
69.            (dropout): Dropout(p=0.1, inplace=False)
70.          )
71.        )
72.        (intermediate): BertIntermediate(
73.          (dense): Linear(in_features=768, out_features=3072, bias=True)
74.        )
75.        (output): BertOutput(
76.          (dense): Linear(in_features=3072, out_features=768, bias=True)
77.          (LayerNorm): LayerNorm((768,), eps=1e-12, elementwise_affine=True)
78.          (dropout): Dropout(p=0.1, inplace=False)
79.        )
80.      )
81.      (3): BertLayer(
82.        (attention): BertAttention(
83.          (self): BertSelfAttention(
84.            (query): Linear(in_features=768, out_features=768, bias=True)
85.            (key): Linear(in_features=768, out_features=768, bias=True)
86.            (value): Linear(in_features=768, out_features=768, bias=True)
87.            (dropout): Dropout(p=0.1, inplace=False)
88.          )
89.          (output): BertSelfOutput(
90.            (dense): Linear(in_features=768, out_features=768, bias=True)
91.            (LayerNorm): LayerNorm((768,), eps=1e-12, elementwise_affine=True)
92.            (dropout): Dropout(p=0.1, inplace=False)
```

```
93.           )
94.        )
95.        (intermediate): BertIntermediate(
96.          (dense): Linear(in_features=768, out_features=3072, bias=True)
97.        )
98.        (output): BertOutput(
99.          (dense): Linear(in_features=3072, out_features=768, bias=True)
100.          (LayerNorm): LayerNorm((768,), eps=1e-12, elementwise_affine=True)
101.          (dropout): Dropout(p=0.1, inplace=False)
102.        )
103.      )
104.      (4): BertLayer(
105.        (attention): BertAttention(
106.          (self): BertSelfAttention(
107.            (query): Linear(in_features=768, out_features=768, bias=True)
108.            (key): Linear(in_features=768, out_features=768, bias=True)
109.            (value): Linear(in_features=768, out_features=768, bias=True)
110.            (dropout): Dropout(p=0.1, inplace=False)
111.          )
112.          (output): BertSelfOutput(
113.            (dense): Linear(in_features=768, out_features=768, bias=True)
114.            (LayerNorm): LayerNorm((768,), eps=1e-12, elementwise_affine=True)
115.            (dropout): Dropout(p=0.1, inplace=False)
116.          )
117.        )
118.        (intermediate): BertIntermediate(
119.          (dense): Linear(in_features=768, out_features=3072, bias=True)
120.        )
121.        (output): BertOutput(
122.          (dense): Linear(in_features=3072, out_features=768, bias=True)
123.          (LayerNorm): LayerNorm((768,), eps=1e-12, elementwise_affine=True)
124.          (dropout): Dropout(p=0.1, inplace=False)
125.        )
126.      )
127.      (5): BertLayer(
128.        (attention): BertAttention(
129.          (self): BertSelfAttention(
```

```
130.        (query): Linear(in_features=768, out_features=768, bias=True)
131.        (key): Linear(in_features=768, out_features=768, bias=True)
132.        (value): Linear(in_features=768, out_features=768, bias=True)
133.        (dropout): Dropout(p=0.1, inplace=False)
134.      )
135.      (output): BertSelfOutput(
136.        (dense): Linear(in_features=768, out_features=768, bias=True)
137.        (LayerNorm): LayerNorm((768,), eps=1e-12, elementwise_affine=True)
138.        (dropout): Dropout(p=0.1, inplace=False)
139.      )
140.      )
141.      (intermediate): BertIntermediate(
142.        (dense): Linear(in_features=768, out_features=3072, bias=True)
143.      )
144.      (output): BertOutput(
145.        (dense): Linear(in_features=3072, out_features=768, bias=True)
146.        (LayerNorm): LayerNorm((768,), eps=1e-12, elementwise_affine=True)
147.        (dropout): Dropout(p=0.1, inplace=False)
148.      )
149.      )
150.      (6): BertLayer(
151.      (attention): BertAttention(
152.        (self): BertSelfAttention(
153.          (query): Linear(in_features=768, out_features=768, bias=True)
154.          (key): Linear(in_features=768, out_features=768, bias=True)
155.          (value): Linear(in_features=768, out_features=768, bias=True)
156.          (dropout): Dropout(p=0.1, inplace=False)
157.        )
158.        (output): BertSelfOutput(
159.          (dense): Linear(in_features=768, out_features=768, bias=True)
160.          (LayerNorm): LayerNorm((768,), eps=1e-12, elementwise_affine=True)
161.          (dropout): Dropout(p=0.1, inplace=False)
162.        )
163.      )
164.      (intermediate): BertIntermediate(
165.        (dense): Linear(in_features=768, out_features=3072, bias=True)
166.      )
```

```
167.        (output): BertOutput(
168.          (dense): Linear(in_features=3072, out_features=768, bias=True)
169.          (LayerNorm): LayerNorm((768,), eps=1e-12, elementwise_affine=True)
170.          (dropout): Dropout(p=0.1, inplace=False)
171.        )
172.      )
173.      (7): BertLayer(
174.        (attention): BertAttention(
175.          (self): BertSelfAttention(
176.            (query): Linear(in_features=768, out_features=768, bias=True)
177.            (key): Linear(in_features=768, out_features=768, bias=True)
178.            (value): Linear(in_features=768, out_features=768, bias=True)
179.            (dropout): Dropout(p=0.1, inplace=False)
180.          )
181.          (output): BertSelfOutput(
182.            (dense): Linear(in_features=768, out_features=768, bias=True)
183.            (LayerNorm): LayerNorm((768,), eps=1e-12, elementwise_affine=True)
184.            (dropout): Dropout(p=0.1, inplace=False)
185.          )
186.        )
187.        (intermediate): BertIntermediate(
188.          (dense): Linear(in_features=768, out_features=3072, bias=True)
189.        )
190.        (output): BertOutput(
191.          (dense): Linear(in_features=3072, out_features=768, bias=True)
192.          (LayerNorm): LayerNorm((768,), eps=1e-12, elementwise_affine=True)
193.          (dropout): Dropout(p=0.1, inplace=False)
194.        )
195.      )
196.      (8): BertLayer(
197.        (attention): BertAttention(
198.          (self): BertSelfAttention(
199.            (query): Linear(in_features=768, out_features=768, bias=True)
200.            (key): Linear(in_features=768, out_features=768, bias=True)
201.            (value): Linear(in_features=768, out_features=768, bias=True)
202.            (dropout): Dropout(p=0.1, inplace=False)
203.          )
```

```
204.        (output): BertSelfOutput(
205.          (dense): Linear(in_features=768, out_features=768, bias=True)
206.          (LayerNorm): LayerNorm((768,), eps=1e-12, elementwise_affine=True)
207.          (dropout): Dropout(p=0.1, inplace=False)
208.         )
209.        )
210.      (intermediate): BertIntermediate(
211.        (dense): Linear(in_features=768, out_features=3072, bias=True)
212.       )
213.      (output): BertOutput(
214.        (dense): Linear(in_features=3072, out_features=768, bias=True)
215.        (LayerNorm): LayerNorm((768,), eps=1e-12, elementwise_affine=True)
216.        (dropout): Dropout(p=0.1, inplace=False)
217.       )
218.      )
219.     (9): BertLayer(
220.       (attention): BertAttention(
221.        (self): BertSelfAttention(
222.          (query): Linear(in_features=768, out_features=768, bias=True)
223.          (key): Linear(in_features=768, out_features=768, bias=True)
224.          (value): Linear(in_features=768, out_features=768, bias=True)
225.          (dropout): Dropout(p=0.1, inplace=False)
226.         )
227.        (output): BertSelfOutput(
228.          (dense): Linear(in_features=768, out_features=768, bias=True)
229.          (LayerNorm): LayerNorm((768,), eps=1e-12, elementwise_affine=True)
230.          (dropout): Dropout(p=0.1, inplace=False)
231.         )
232.        )
233.       (intermediate): BertIntermediate(
234.        (dense): Linear(in_features=768, out_features=3072, bias=True)
235.        )
236.      (output): BertOutput(
237.        (dense): Linear(in_features=3072, out_features=768, bias=True)
238.        (LayerNorm): LayerNorm((768,), eps=1e-12, elementwise_affine=True)
239.        (dropout): Dropout(p=0.1, inplace=False)
240.        )
```

```
241.        )
242.        (10): BertLayer(
243.         (attention): BertAttention(
244.          (self): BertSelfAttention(
245.            (query): Linear(in_features=768, out_features=768, bias=True)
246.            (key): Linear(in_features=768, out_features=768, bias=True)
247.            (value): Linear(in_features=768, out_features=768, bias=True)
248.            (dropout): Dropout(p=0.1, inplace=False)
249.          )
250.          (output): BertSelfOutput(
251.            (dense): Linear(in_features=768, out_features=768, bias=True)
252.            (LayerNorm): LayerNorm((768,), eps=1e-12, elementwise_affine=True)
253.            (dropout): Dropout(p=0.1, inplace=False)
254.          )
255.         )
256.         (intermediate): BertIntermediate(
257.          (dense): Linear(in_features=768, out_features=3072, bias=True)
258.         )
259.         (output): BertOutput(
260.          (dense): Linear(in_features=3072, out_features=768, bias=True)
261.          (LayerNorm): LayerNorm((768,), eps=1e-12, elementwise_affine=True)
262.          (dropout): Dropout(p=0.1, inplace=False)
263.         )
264.        )
265.        (11): BertLayer(
266.         (attention): BertAttention(
267.          (self): BertSelfAttention(
268.            (query): Linear(in_features=768, out_features=768, bias=True)
269.            (key): Linear(in_features=768, out_features=768, bias=True)
270.            (value): Linear(in_features=768, out_features=768, bias=True)
271.            (dropout): Dropout(p=0.1, inplace=False)
272.          )
273.          (output): BertSelfOutput(
274.            (dense): Linear(in_features=768, out_features=768, bias=True)
275.            (LayerNorm): LayerNorm((768,), eps=1e-12, elementwise_affine=True)
276.            (dropout): Dropout(p=0.1, inplace=False)
277.          )
```

```
278.        )
279.        (intermediate): BertIntermediate(
280.          (dense): Linear(in_features=768, out_features=3072, bias=True)
281.        )
282.        (output): BertOutput(
283.          (dense): Linear(in_features=3072, out_features=768, bias=True)
284.          (LayerNorm): LayerNorm((768,), eps=1e-12, elementwise_affine=True)
285.          (dropout): Dropout(p=0.1, inplace=False)
286.        )
287.      )
288.    )
289.  )
290.  (pooler): BertPooler(
291.    (dense): Linear(in_features=768, out_features=768, bias=True)
292.    (activation): Tanh()
293.  )
294. )
295. (mlm_classifier): BertPretrainingTokenClassifier(
296.  (dropout): Dropout(p=0.0, inplace=False)
297.  (dense): Linear(in_features=768, out_features=768, bias=True)
298.  (norm): LayerNorm((768,), eps=1e-12, elementwise_affine=True)
299.  (mlp): MultiLayerPerceptron(
300.    (layer0): Linear(in_features=768, out_features=30522, bias=True)
301.  )
302. )
303. (mlm_loss): SmoothedCrossEntropyLoss()
304. (nsp_classifier): SequenceClassifier(
305.  (dropout): Dropout(p=0.0, inplace=False)
306.  (mlp): MultiLayerPerceptron(
307.    (layer0): Linear(in_features=768, out_features=768, bias=True)
308.    (layer2): Linear(in_features=768, out_features=2, bias=True)
309.  )
310. )
311. (nsp_loss): CrossEntropyLoss()
312. (agg_loss): AggregatorLoss()
313. (validation_perplexity): Perplexity()
314. )
```

三、bertbaseuncased 模型结构

该模型由多个部分组成，在这个 BERT 模型中，总共有 12 个 Transformer 编码器层，即上文提到的 12 个 BertLayer。这些层通过堆叠组成深度网络，使模型能够捕捉更复杂的语言特征和上下文关系。它由嵌入层（Embeddings）、编码器层（Encoder Layers）、池化层（Pooler Layer）、掩码语言模型分类器（MLM Classifier）和下一个句子预测分类器（NSP Classifier）组成。参数大小为 110 697 020。

（1）嵌入层实现词汇嵌入功能，将输入的词汇映射到一个高维向量空间中。词汇表大小为 30 522，每个词被嵌入 768 维的向量中。

（2）位置嵌入（Position Embeddings）：为每个输入的词添加位置信息，以保持序列信息，最多支持 512 个位置。

（3）分段嵌入用于区分两个句子(如在下一个句子预测任务中)，支持两种类型(即 0 和 1)。应用层归一化和 Dropout 以稳定训练过程。

（4）编码器由 12 个 BertLayer 组成，每个 BertLayer 包括以下模块：自注意力层（BertSelfAttention），包含查询（Query）、键（Key）和值（Value）的线性变换，这里 in_features = 768 表示输入维度，out_features = 768 表示输出维度；注意力机制，用于计算词与词之间的关系和重要性；注意力输出层（BertSelfOutput），将自注意力的输出通过一个线性变换，并应用层归一化和 Dropout。

（5）中间层（BertIntermediate）包括线性变换（dense），将输出从 768 维映射到 3 072 维，通常伴随 ReLU 激活函数。这个扩展有助于增加模型的非线性表达能力。

（6）输出层（BertOutput）包括线性变换将中间层输出从 3 072 维映射回 768 维。应用层归一化和 Dropout，进一步稳定训练并提高泛化能力。

四、WordPiece 分词器

分词（tokenization）是一项重要的数据预处理步骤，其中包括将原始的文本数据转换为神经语言模型所需的离散数值表征。多种分词器算法均可根据字符、词以及子词的规则将文本分割为标记（token）。词汇表的大小视算法而定，且取决于标记在文本语料库中出现的频率。

本例使用 WordPiece 算法，选择训练数据（语料库）以及所需的子词词汇表大小。该算法能以迭代方式确定适合正文的最佳子词，并为所分配的数值创建词汇表。其迭代步骤如下：

将词拆分为字符标记序列，使用上个步骤得到的标记构建数据集，并用之训练一个语言模型。将语言模型输出的具有最大似然值的两个标记结合起来，从而生成新的单元标记，并且将新标记加入词汇表中。

重复上述步骤，直到达到所需词汇表的标记数量限制，或直到可能性低于预期阈值。下面的代码演示了如何使用分词器。

```
1.  nemo_nlp.modules.get_tokenizer_list()
2.  # Get the bert-base-uncased tokenizer
3.  tokenizer_uncased = nemo_nlp.modules.get_tokenizer(tokenizer_name="bert-base-uncased")
4.  print(" The vocabulary size: ", tokenizer_uncased.vocab_size)
5.  #输入语句
6.  SAMPLES_TEXT_1 = "Hello, my name is John. I live in Santa Clara."
7.  output_uncased=tokenizer_uncased.text_to_tokens(SAMPLES_TEXT_1)
8.  print("Input sentence: ", SAMPLES_TEXT_1)
9.  print("Tokenized sentence: ", output_uncased)
10. print("Index of Hello: ", tokenizer_cased.text_to_ids("Hello"))
11. print("Index of hello: ",tokenizer_cased.text_to_ids("hello"))
12. print("Input sentence: ", SAMPLES_TEXT_1)
13. print("Tokenized sentence: ", output_cased)
14. print("Tokenized sentence: ", tokenizer_cased.text_to_ids(SAMPLES_TEXT_1))
```

代码运行后得到了输入语句的索引：

```
Input sentence:  Hello, my name is John. I live in Santa Clara.
Tokenized sentence:  ['Hello', ',', 'my', 'name', 'is', 'John', '.', 'I', 'live', 'in', 'Santa', 'Clara', '.']
Tokenized sentence:  [8667, 117, 1139, 1271, 1110, 1287, 119, 146, 1686, 1107, 3364, 10200, 119]
```

五、语境化的词嵌入向量

经过训练后，BERT 模型将根据词在语料库中一起被使用的情况，提供这些词之间的关系。这些关系是在神经网络的隐藏状态（即_语境化词嵌入向量_）中定义的。正是这些关系可以用来解决文本分类、命名实体识别、问答等 NLP 任务。

这里列举了实例，输入文本是一个关于鼠标的句子，其中包含多次出现的"mouse"一词，用于描述不同的对象。通过对输入的文本进行预处理和标记化，并识别文本中某个特定单词的出现位置。代码使用了一个未区分大小写的 BERT 标记器对输入文本进行标记化，并将标记化的结果转换为 Tensor，以供模型输入时使用。最后通过可视化查看模型生成的次嵌入式向量的效果。

```
1.  #输入语句
2.  TEXT = "Last night, my wireless mouse was eaten by an animal such as mouse or rat.I need to order a new optical computer mouse."
3.  #标记化和张量转换
4.  input_sentence=torch.tensor([tokenizer_uncased.tokenizer(TEXT).input_ids]).cuda()
5.  attention_mask=torch.tensor([tokenizer_uncased.tokenizer(TEXT).attention_mask]).cuda()
6.
7.  # 标记化输出显示
```

```
8.  print("Input sentence: ", TEXT)
9.  output_uncased=tokenizer_uncased.ids_to_tokens(tokenizer_uncased.tokenizer(TEXT). input_
ids)
10. print("Tokenized sentence: ", output_uncased)
11.
12. # "mouse"词位置标记
13. mouse_computer_1=6
14. mouse_animal=14
15. mouse_computer_2=26
```

代码运行后生成具体的标记如下：

1. Input sentence: Last night, my wireless mouse was eaten by an animal such as mouse **or** rat. I need to order a new optical computer mouse.
2. Tokenized sentence: ['[CLS]', 'last', 'night', ',', 'my', 'wireless', 'mouse', 'was', 'eaten', 'by', 'an', 'animal', 'such', 'as', 'mouse', 'or', 'rat', '.', 'i', 'need', 'to', 'order', 'a', 'new', 'optical', 'computer', 'mouse', '.', '[SEP]']

特别注意"mouse"一词在文本中出现了三次，分别在以下位置：

第一个"mouse"：在标记化后序列中的第 6 个位置，对应于"wireless mouse"。

第二个"mouse"：在标记化后序列中的第 14 个位置，对应于"animal such as mouse"。

第三个"mouse"：在标记化后序列中的第 26 个位置，对应于"optical computer mouse"。

通过标记化，可以看到 BERT 将文本分解成一系列标记，模型通过这些标记来理解输入文本。特殊标记（CLS 和 SEP）在文本处理和任务分类中起到了重要作用。通过标记化，可以精确定位某个特定词在文本中的出现位置，从而在后续的任务中进行针对性的分析或处理。

六、注意力机制

下面代码利用 visualization 模块中的 head 对象对两个输入句子进行可视化分析，展示 BERT 模型在处理这两个句子时的注意力机制。sentence_a 和 sentence_b 分别描述了欧洲联盟（EU）和欧洲经济区（EEA）的组成和成员国。head.berthead(sentence_a, sentence_b)方法将通过可视化展示 BERT 模型中的注意力如何在这两个句子之间捕捉词语之间的关系，突出不同部分的关注度。这有助于理解 BERT 模型在自然语言处理中如何利用注意力机制来捕获句子间的语义关联、相似性和差异性，并展示模型对特定词汇和短语的关注情况。

```
1. #visualization 模块中导入 head 和 KVQ 两个对象
2. from visualization import head, KVQ
3. #定义了两个输入句子
4. sentence_a = "The European Union (EU) is an economic and political union of 27 countries."
```

5.　sentence_b = "The European Economic Area (EEA) The EEA includes EU countries and also Iceland, Liechtenstein and Norway."

6.　head.berthead(sentence_a,sentence_b)

代码运行后，展示两个句子在通过 BERT 时的注意力分布情况，显示句子中每个单词与其他单词之间的注意力权重。同时，也比较展示两个句子的特征表示，显示它们在语义或句法上的相似和差异。

最后生成图形或图表帮助分析句子之间的关系，如图 8-14 所示。

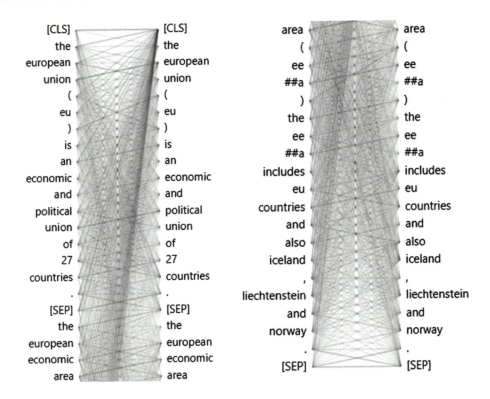

图 8-14　句子之间的关系

七、训练 BERT 分词器

BERT 分词器会根据预定义的词汇表将文本拆分为标记。分词器算法会根据文本语料库中前 K 个（Top-K）高频词的变体生成词汇表。训练成本会随词汇表规模的扩大而增加，因此词汇表的大小应该受到限制。否则，将文本语料库中所有不相同的词都纳入词汇表会使训练的复杂性远超分词器可应付的能力范围。例如 WordPiece 的子词分词器算法，该模型可处理的词汇量上限为 30 000 词。使用 bert-base-uncased 分词器实例：

1.　# import nemo nlp collection

2.　**from** nemo.collections **import** nlp as nemo_nlp

```
3.
4.  # load the bert-base-uncased tokenizer
5.   tokenizer_uncased = nemo_nlp.modules.get_tokenizer(tokenizer_name="bert-base-uncased")
6.  # get the vocabulary size
7.  print(" The vocabulary size: ", tokenizer_uncased.vocab_size)
```

代码运行后加载 BERT 模型的基础分词器，并获取其词汇表的大小为"The vocabulary size: 30522"。

接下来讲解 BERT 如何对不同的年份进行分词。2021 年前的年份经常出现在语料库中，足以成为词汇表的一部分，然而自那之后的年份就已成为 OOV，被拆分为子标记。

```
1.  print("Tokenized year: ", tokenizer_uncased.text_to_tokens('2019'))
2.  print("Tokenized year: ", tokenizer_uncased.text_to_tokens('2020'))
3.  print("Tokenized year: ", tokenizer_uncased.text_to_tokens('2021'))
4.  print("Tokenized year: ", tokenizer_uncased.text_to_tokens('2022'))
5.  print("Tokenized year: ", tokenizer_uncased.text_to_tokens('2023'))
6.  print("Tokenized year: ", tokenizer_uncased.text_to_tokens('2030'))
```

代码运行后，输出如下所示，可以看出 WordPiece 是子词级别的分词器，它将输入文本分解为一系列子词（subword）标记。这样做的优点是能够处理未见过的词汇，并有效减少词汇表的大小。在分词过程中，BERT 会尽量将输入文本分解为尽可能少的子词。对于无法完整分词的部分，BERT 使用 ## 前缀表示该标记是一个子词，即该子词是前一个子词的一部分。

```
1.  Tokenized year:  ['2019']
2.  Tokenized year:  ['2020']
3.  Tokenized year:  ['2021']
4.  Tokenized year:  ['202', '##2']
5.  Tokenized year:  ['202', '##3']
6.  Tokenized year:  ['203', '##0']
```

八、更新 BERT 词汇表

使用 tokenizer_uncased.tokenizer.add_tokens() 函数即可将特定领域的词添加到分词器词汇表中。系统将用随机值初始化每个新标记的嵌入向量。

这段代码的主要功能是通过添加自定义标记和训练新的 WordPiece 分词器来调整和扩展 BERT 分词器的词汇表，以适应特定语料库的需求。首先，代码加载并初始化了 bert-base-uncased 分词器，并在此基础上添加了自定义标记 "dilutions" 和 "hemolytic"，更新后词汇表大小随之变化。随后，代码使用 BertWordPieceTokenizer 创建并训练一个新的 WordPiece 分词器，限制词汇表大小为 10 000，并加入特殊标记，以便更好地适应领域特定的文本处理需求。这种方法通过扩展词汇表和重新训练分词器，提升了分词器在处理特定领域文本时的表现。

```
1.  print(" The vocabulary size before: ", tokenizer_uncased.vocab_size)
2.  additional_tokens = tokenizer_uncased.tokenizer.add_tokens(["dilutions", "hemolytic"])
3.  print(" The vocabulary size after : ", tokenizer_uncased.vocab_size)
4.  print("Tokenized sentence: ", tokenizer_uncased.text_to_tokens(SAMPLES))
5.
6.  vocab_size= 10000
7.  text_corpus=["/dli/task/data/train.txt"]
8.
9.  # NCBI 疾病语料库训练新的 WordPiece 分词器，并且将词汇量大小限制在 10000
10. special_tokens = ["<PAD>","<UNK>","<CLS>","<SEP>","<MASK>"]
11. from tokenizers import BertWordPieceTokenizer
12.
13. my_bert_tokenizer = BertWordPieceTokenizer()
14. my_bert_tokenizer.train(files=text_corpus, vocab_size=vocab_size,
15.               min_frequency=1, special_tokens=special_tokens,
16.               show_progress=True, wordpieces_prefix="##")
17. print(" The new vocabulary size  : ", len(my_bert_tokenizer.get_vocab()))
```

　　词汇表定义就绪后，可以使用 nemo_nlp.modules.get_tokenizer() 函数加载具备新词汇表的分词器。对先前的文本示例进行分词，并与使用原版 BERT 分词器取得的结果做比较，系统应将特定领域的术语编码为独立标记。

　　下面的代码中，首先定义了一个特殊标记字典 special_tokens_dict，用于处理未知词、句子分隔、填充、序列开始和掩码标记等。然后，使用 nemo_nlp.modules.get_tokenizer 函数初始化一个 BERT 分词器，指定基础分词器为 bert-base-uncased，并加载自定义的词汇表文件 /dli/task/data/vocab.txt 和特殊标记。最后，通过 tokenizer_custom.text_to_tokens(SAMPLES) 将输入文本 SAMPLES 转换为标记序列，并输出结果。这种自定义分词器可以更好地支持特定任务的文本预处理需求。

```
1.  special_tokens_dict = {"unk_token": "<UNK>", "sep_token": "<SEP>", "pad_token":  "<PAD>",
"bos_token": "<CLS>", "mask_token": "<MASK>","eos_token": "<SEP>", "cls_token": "<CLS>"}
2.  tokenizer_custom = nemo_nlp.modules.get_tokenizer(tokenizer_name="bert-base-uncased", vocab_
file='/dli/task/data/vocab.txt', special_tokens=special_tokens_dict)
3.
4.  print("BERT tokenizer with custom vocabulary: ", tokenizer_custom.text_to_tokens (SAMPLES))
```

　　代码运行后输出了使用自定义词汇表进行分词后的结果：

```
1. Special tokens have been added in the vocabulary, make sure the associated word embeddings
are fine-tuned or trained.
```

2. BERT tokenizer with custom vocabulary: ['further', 'studies', 'suggested', 'that', 'low', 'dil', '##ution', '##s', 'of', 'c5d', 'serum', 'contain', 'a', 'factor', 'or', 'factors', 'interfer', '##ing', 'at', 'some', 'step', 'in', 'the', 'hemolytic', 'assay', 'of', 'c5', 'rather', 'than', 'a', 'true', 'c5', 'inhibitor', '.']

参考文献

[1] 高彦杰，于子叶. 深度学习[M]. 北京：机械工业出版社，2018.

[2] 王晓华. 深度学习案例精粹[M]. 北京：清华大学出版社，2021.

[3] 李蒙. 嵌入式平台深度学习案例教程[M]. 哈尔滨：哈尔滨工程大学出版社，2024.